# 金属材料及热处理

主　编　吴　旻
副主编　王正微　吴莉莉　瞿　玮

北京理工大学出版社
BEIJING INSTITUTE OF TECHNOLOGY PRESS

## 内 容 提 要

本书是根据高等职业教育机械类专业教学大纲对金属材料及热处理课程的教学要求，结合编者多年来从事金属材料及热处理课程教学改革和建设的经验编写而成的。

本书的主要内容包括金属的性能、金属的晶体结构与结晶、铁碳合金、钢的热处理、碳钢、合金钢、铸铁、金属材料选用原则及典型零件实例、非铁合金等。

本书注重在知识、技能、素养等方面对学生进行全面的培养，突出高等职业教育特色，注重文字叙述精练，尽量联系现场实际。学习模块开始有"案例导入"，引导学生带着实际问题去寻求答案，激发学生的学习兴趣和探索精神；学习模块后配有"拓展阅读""创新思考"，训练学生积极思考、开拓知识面、创新思维的能力。学习单元后配有"综合训练""任务评价"，培养学生综合应用、总结归纳的能力。

本书可作为高等院校、高职院校机械类专业的基础课程教材，也可作为中等职业教育和有关技术人员的岗位培训用书。

### 图书在版编目（CIP）数据

金属材料及热处理 / 吴旻主编. -- 北京：北京理工大学出版社，2024.1

ISBN 978 - 7 - 5763 - 3632 - 0

Ⅰ. ①金… Ⅱ. ①吴… Ⅲ. ①金属材料 - 高等职业教育 - 教材②热处理 - 高等职业教育 - 教材 Ⅳ. ①TG14②TG15

中国国家版本馆 CIP 数据核字（2024）第 025086 号

---

**责任编辑**：赵　岩　　　**文案编辑**：赵　岩
**责任校对**：周瑞红　　　**责任印制**：李志强

---

**出版发行** / 北京理工大学出版社有限责任公司
**社　　址** / 北京市丰台区四合庄路 6 号
**邮　　编** / 100070
**电　　话** / (010) 68914026（教材售后服务热线）
　　　　　　 (010) 68944437（课件资源服务热线）
**网　　址** / http://www.bitpress.com.cn

---

**版 印 次** / 2024 年 1 月第 1 版第 1 次印刷
**印　　刷** / 河北盛世彩捷印刷有限公司
**开　　本** / 787 mm×1092 mm　1/16
**印　　张** / 11.75
**字　　数** / 266 千字
**定　　价** / 72.00 元

# 前　言

　　金属材料及热处理是材料类专业、机械类专业及近机械类专业必修的专业基础课程，具有较强的理论性、实践性和综合性，在专业人才培养中占有重要地位。本书是根据高等职业教育人才培养目标的要求，结合编者十几年的教学经验，汇集教学团队的智慧进行编写的。全书共9个学习单元，主要包括金属的性能（学习单元一）、金属的晶体结构与结晶（学习单元二）、铁碳合金（学习单元三）、钢的热处理（学习单元四）、碳钢（学习单元五）、合金钢（学习单元六）、铸铁（学习单元七）、金属材料选用原则及典型零件实例（学习单元八）、非铁合金（学习单元九）等内容。

　　本书具有以下特点。

　　（1）注重在理论知识、素养、能力、技能等方面对学生进行全面的培养。

　　（2）注重吸取现有相关教材的优点，简化过多的理论介绍，并采用现行的国家标准及行业标准。

　　（3）突出职业技术教育特色，做到图解直观形象，尽量使理论联系生产实际。

　　（4）通过教学活动培养学生的职业素养、工匠精神、安全意识、环保意识。

　　（5）每个学习单元配备拓展阅读、创新思考、综合训练、任务评价等内容，引导学生积极思考，营造师生交流与研讨的学习氛围，培养学生观察、探索、分析及理论知识应用的能力。

　　本书主要面向高等院校、高职院校的学生。此外，本书还可作为中等职业教育和职工培训用教材。

　　本书由重庆工业职业技术学院吴旻担任主编，王正微、吴莉莉、瞿玮担任副主编。具体编写分工如下：吴旻编写前言、绪论、学习单元四、学习单元五、学习单元六、学习单元七、附录；王正微编写学习单元一、学习单元三；吴莉莉编写学习单元二、学习单元九；瞿玮编写学习单元八。全书由吴旻负责统编和定稿。

　　由于编者能力和水平有限，书中可能存在不足和疏漏，恳请广大读者提出宝贵的意见和建议，以使本书再版时更加完善。

编　者

# 目　录

# 绪论

　　材料是人类社会文明发展的重要物质基础。人类利用材料制作生产和生活用的工具、设备及设施，不断改善自身的生存环境与空间，创造了丰富的物质文明和精神文明。在材料的使用及加工过程中，金属材料的生产和应用是人类社会发展的重要里程碑，象征着人类在征服自然、发展社会生产力方面迈出了具有深远历史意义的一步，促进了整个社会生产力的快速发展。金属材料是重要的机械工程材料，是现代工业、农业、国防及科学发展的重要物质基础，可以用来制造各种机器设备、船舶、车辆、仪器仪表等。金属材料之所以得到广泛应用，是因为它不但具有优良的使用性能，能够满足生产和生活的需要；而且还具有优良的工艺性能，易于加工。

　　本书系统地介绍了常用金属材料的种类、性能、热处理和应用等方面的基础知识，是融会多种专业基础知识为一体的专业技术基础课程用书，是培养从事机械制造行业应用型、管理型、操作型与复合型人才的必修课程用书，同时也有益于培养学生的综合工程素质、技术应用能力、经济意识、环保意识和创新能力。

## 一、金属材料及热处理的发展史

　　材料科学是在生产实践中发展起来的。回顾金属材料的发展历史，我国是世界上最早使用金属材料及热处理技术的国家之一，早在 4 000 多年前，我国就已经使用青铜器了，出土的大量青铜器表明在商代（公元前 1600—公元前 1046 年）就有了高度发达的青铜加工技术。例如，河南安阳出土的司母戊大方鼎（现称后母戊鼎），造型精美、体积庞大，重达 832.84 kg，是雕塑艺术与金属冶炼技术的完美结合。在当时的条件下要浇注如此庞大的器物，没有大规模的、严密的劳动分工和精湛的铸造技术，是不可能制造成功的。

　　早在 3 000 年前，我国劳动人民就已经认识了铁。明朝宋应星所著《天工开物》一书中详细记载了古代冶铁、炼钢、铸钟、锻铁、淬火等多种金属材料的加工工艺方法。该书中介绍的锉刀、针等工具的制造过程与现代制造过程几乎一致。《天工开物》一书是世界上有关金属加工工艺方法最早的科学著作之一。

　　在热处理方面，我国古代人民也作出了极大的贡献。战国时期就已经开始采用脱碳退火处理工艺，使白口铸铁表面的碳含量降低，以减小其脆性；也已经开始利用淬火工艺，以获得马氏体组织，从而提高炼制钢剑的硬度。到秦汉以后，钢铁热处理技术得到了更大的发展，已经开始采用表面淬火工艺。

　　人类为了生存和发展，总是在不断探索和寻找新的材料与成形方法，而每种新材料、新工艺的出现和应用又促进了生产力的发展。据不完全统计，目前，世界上各类材料已达

40 余万种。实践证明，新产品的出现在很大程度上依赖于材料科学的发展和制造工艺水平的提高，新材料及加工技术的发展可以推动传统产业的技术进步和产业结构的调整。

## 二、金属材料及热处理课程的性质

金属材料及热处理是一门从生产实践中发展起来、直接为生产实践服务的学科，是一门密切结合实际的学科，是金属压力加工、铸造、焊接等加工工艺的重要基础课程。所以，这门课程是机械类各专业必修的专业技术基础课程，且实践性、综合性很强。

## 三、金属材料及热处理课程的内容与学习要求

金属材料的各种性能不仅取决于它的化学成分，还取决于它的内部组织结构。材料化学成分相同，内部组织结构不同，其性能也不一样，也就有着不同的使用场合。所以，要正确地选择金属材料，并通过不同的热处理方法改变金属材料的内部组织结构，来制造不同使用环境下的零件，就必须掌握金属材料的内部组织结构及其变化规律。金属材料及热处理就是研究金属材料的性能与化学成分及其内部组织结构和用途之间的关系，改变金属材料性能的途径，以及各种常用金属材料的一门学科。

金属材料及热处理课程的主要内容包括金属的性能、金属学基础知识、热处理基础知识、常用的金属材料、金属材料选用原则及实例等。学习本课程的基本要求如下。

（1）掌握金属材料的力学性能、晶体结构、铁碳相图等金属学的基础知识。

（2）熟悉金属材料的成分、组织结构、性能之间的关系和变化规律。

（3）掌握常用金属材料的牌号、性能及应用，初步具备合理选用金属材料的技能。

（4）了解热处理的原理，掌握各种热处理方法的特点、工艺过程及应用，初步具备正确选定一般零件热处理方法的能力。

# 学习单元一 金属的性能

## 引导语

金属材料因其在加工和使用过程中具有很多优异的性能，所以在实际应用中得到了广泛应用。不同的零件需要拥有不同的性能，为了能制造出一个满足要求性能的零件，必须充分了解和掌握金属的性能。本单元介绍金属的性能。

## 知识图谱

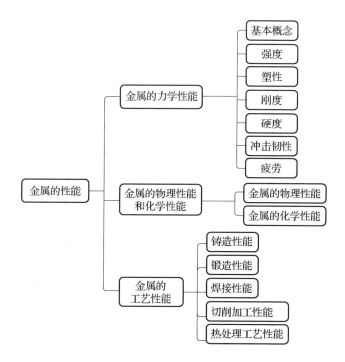

## 学习目标

知识目标

(1) 掌握金属的力学性能。

(2) 熟悉金属的工艺性能。

(3) 了解金属的物理性能和化学性能。

技能目标

(1) 能够通过拉伸试验，测量常用低碳钢的主要力学性能指标（如屈服强度、抗拉强度、断后伸长率和断面收缩率等）。

（2）能够掌握布氏硬度、洛氏硬度和维氏硬度的测试方法。

（3）掌握冲击试验方法。

素养目标

（1）培养学生的职业道德观。

（2）培养学生的互相协作精神。

（3）培养学生的工匠精神和科学精神。

# 学习模块一　　金属的力学性能

## 【案例导入】

虽然直接拉断一根钢丝很难，但是通过在某一点反复弯曲钢丝却能够将其折断，其中的原因是什么呢？本模块将学习表征金属力学性能的主要指标。

## 【知识内容】

### 一、基本概念

金属的力学性能是指在力的作用下，金属所显示的与弹性和非弹性反应相关或涉及应力—应变关系的性能。力学性能主要包括强度、弹性、塑性、硬度、韧性、疲劳强度等。金属的力学性能既是判断金属材料质量合格的主要参数，也是机械零件设计、选材、验收的主要依据。

1. 载荷的分类

作用在机械零件上的载荷，按它的大小和方向是否随时间变化，可分为静载荷与动载荷两类。

静载荷是指力的大小和方向不随时间变化或变化缓慢的载荷，如自重、静压力。

动载荷是指力的大小或方向随时间变化的载荷，包括短时间快速作用的冲击载荷（如空气锤）、随时间做周期性变化的周期载荷（如空气压缩机曲轴）和随时间做非周期变化的随机载荷（如汽车发动机曲轴）。

2. 弹性形变与塑性形变

物体形变是指物体在外力作用下，其形状和尺寸产生的变化。

弹性形变是指物体在外力作用下发生形变，在外力去除后，材料又恢复到原来的形状与尺寸。例如，用一定的力去拉弹簧，弹簧就产生形变，如果放开弹簧，弹簧又恢复原来的形状与大小，这种形变就是弹性形变。

塑性形变是指物体在外力作用下发生形变，在外力去除后，无法恢复到原来的形状及尺寸，仍保留一部分残余形变。

3. 内力

在外力作用下，物体内部之间产生相互作用力，这种力称为内力。而单位面积上的内力称为应力 $\sigma$（$\sigma = F/A$，$N/mm^2$），强度常用应力的形式表示。

## 二、强度

金属材料的强度是指金属材料在力的作用下，抵抗永久形变或断裂的能力。金属材料可以通过室温拉伸试验获得强度，即屈服强度和抗拉强度。

1. 金属材料的室温拉伸试验

（1）比例试样。金属材料的室温拉伸试验常采用圆形截面的比例试样（$L_0 = k \sqrt{S_0}$），试样需要按照国家标准的相关规定进行制作。图 1 – 1 所示为圆形截面拉伸试样，$L_0$ 为原始标距，$d_0$ 为原始直径。拉伸试样通常有两种，一种是短试样（$L_0 = 5d_0$），一种是长试样（$L_0 = 10d_0$），工程中常用的是短试样，其中 $k = 5.65$。

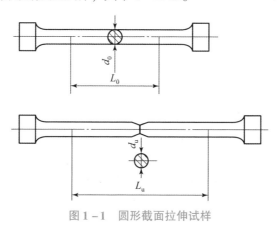

图 1 – 1　圆形截面拉伸试样

（2）拉伸曲线。图 1 – 2（a）所示为低碳钢拉伸曲线，横坐标为伸长量 $\Delta L$，纵坐标为拉伸力 $F$。拉伸过程分为以下几个阶段。

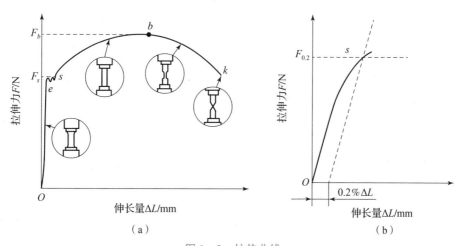

（a）　　　　　　　　　　　　　（b）

图 1 – 2　拉伸曲线

（a）低碳钢拉伸曲线；（b）铸铁拉伸曲线

第一个阶段：弹性形变阶段（$Oe$），拉伸力和伸长量成正比。在该阶段内将载荷去除，伸长量消失，试样恢复原状。

第二个阶段：屈服阶段（$es$），伸长量增加，而拉伸力没有明显变化，这种现象称为屈服现象。

第三个阶段：强化阶段（sb），在该阶段内，塑性形变是均匀的。随着拉伸力的增加伸长量显著增加，这种现象称为冷变形强化。

第四个阶段：缩颈与断裂阶段（bk），产生局部形变，主要作用于局部区域，截面积急剧减小，出现了缩颈现象。承载能力不断下降，直至在 k 点发生断裂。

### 2. 屈服强度与抗拉强度

基于拉伸试验曲线，可以获得有关强度的两个指标，即屈服强度和抗拉强度。

（1）屈服强度。在拉伸曲线上，当拉伸形变量增加而拉伸力基本不增加时，对应的点（$F_s$）称为屈服点。对应的拉伸力除以试样的原始面积 $S_0$，即为材料的屈服强度。屈服强度分为上屈服强度（$R_{eH}$）和下屈服强度（$R_{eL}$），常将下屈服强度作为屈服强度指标。

而对于屈服强度不明显的材料，规定用残余延伸强度 $R_{p0.2}$ 来表示。

（2）抗拉强度。在拉伸曲线中，最大的拉伸力（$F_b$）除以试样的原始面积 $S_0$，即为材料的抗拉强度 $R_m$。

在工作过程中，一般不允许机械零件及其结构产生塑性形变，因此，屈服强度是选材与设计的主要依据。而当应力大于材料的抗拉强度时，会发生断裂而造成事故，所以抗拉强度也是选材与设计的主要指标，特别是对脆性材料而言。

屈服强度与抗拉强度的比值 $R_{eL}/R_m$ 称为屈强比。比值越小，材料的塑性越好，保证了材料使用的安全性。但比值过小，会使材料的强度利用率降低。相反，比值越大，材料的强度利用率越高，但是屈服强度与抗拉强度也越接近，屈服即发生断裂，材料使用的安全性下降。所以，一般材料的屈强比为 0.6 ~ 0.75。

## 三、塑性

金属材料的塑性是指金属材料在外力作用下，在屈服之后断裂之前产生永久形变的能力。通常也是采用拉伸试验来测定材料的塑性能力，主要的塑性指标是试样拉断后的断后伸长率和断面收缩率。

### 1. 断后伸长率

拉伸试样被拉断后，拉断后的标距伸长量（$L_u - L_0$）与原始标距（$L_0$）的百分比称为断后伸长率。断后伸长率用符号 A 表示，计算公式为

$$A = \frac{L_u - L_0}{L_0} \times 100\%$$

式中　$L_0$——试样的原始标距（mm）；

　　　$L_u$——试样的断后标距（mm）。

### 2. 断面收缩率

断面收缩率是指试样被拉断后，断口横截面积的最大缩减量（$S_0 - S_u$）与原始横截面积 $S_0$ 的百分比，用符号 Z 表示，计算公式为

$$Z = \frac{S_0 - S_u}{S_0} \times 100\%$$

式中　$S_0$——试样的原始横截面积（$mm^2$）；

　　　$S_u$——试样拉断后断口处的最小横截面积（$mm^2$）。

断后伸长率和断面收缩率的值越大，在试样断裂前发生的塑性形变就越大，说明材料

的塑性就越好。通常情况下，强度与塑性是一对相互矛盾的性能指标。要提高金属材料的强度，就要牺牲一部分塑性；要提高金属材料的塑性，就要牺牲一部分强度。但是，通过细晶体强化，可使金属材料的强度和塑性同时提高。

## 四、刚度

金属材料的刚度是指金属材料在受力时抵抗弹性形变的能力，它反映的是材料产生弹性形变的难易程度。刚度的大小用弹性模量 $E$ 来衡量，可以通过拉伸试验测得。

在图 1-2（a）中，拉伸曲线的弹性形变阶段（$Oe$），其直线段的斜率就是弹性模量。因此，该直线段的斜率越大，材料的刚度就越大，抵抗弹性形变的能力就越大。对于刚度要求高的零件，需要选择弹性模量高的材料，如车床主轴；而对于一些弹簧等零件，需要通过弹性形变来吸收一定的能量，就要选择弹性模量低的材料，使其具有较高的弹性。

## 五、硬度

金属材料的硬度是衡量金属材料软硬程度的一种性能指标，是指金属材料在静载荷作用下，抵抗局部形变，特别是塑性形变、压痕或划痕的能力。硬度测量是在静载荷作用下的非破坏性试验，它是材料弹性、塑性、强度和韧性等力学性能的综合指标，也是材料微观组织结构的综合体现。根据硬度值可以估算出强度值，在一定范围内，金属的硬度提高，强度也相应增加（可查金属的强度与硬度换算表），另外，硬度与耐磨性也具有直接关系，金属的硬度越高，耐磨性越好。

硬度的测量方法有压入法、划痕法和弹跳法，其中应用最广泛的是压入法。压入法是将一定几何形状的压头，在规定的静载荷作用下压入被测金属的表面，根据压痕的形变程度来测定其硬度值。根据压头形状、载荷大小的不同，常用的压入法测量硬度有布氏硬度测量法、洛氏硬度测量法和维氏硬度测量法。

1. 布氏硬度测量法

（1）试验原理。在规定的试验力作用下，将一定直径的淬火钢球或硬质合金球压头压入被测金属表面，按照规定的时间保持试验力后卸除，通过测量被测金属表面的压痕直径，并将其代入公式计算出硬度值，如图 1-3 所示。布氏硬度值表示的是压痕单位表面积上承受的平均压力，计算公式为

$$\text{HBS(HBW)} = \frac{F}{S} = 0.102 \times \frac{2F}{\pi D(D - \sqrt{D^2 - d^2})}$$

式中　　HBW——用硬质合金压头测得的布氏硬度（kgf[①]/mm²）；

　　　　HBS——用淬火钢球压头测得的布氏硬度（kgf/mm²）；

　　　　$F$——试验静载荷（N），计算时需换算为千克力（kgf）；

　　　　$S$——压痕面积（mm²）；

　　　　$D$——压头直径（mm）；

　　　　$d$——压痕平均直径（mm）。

---

① 1 kgf = 9.807 N。

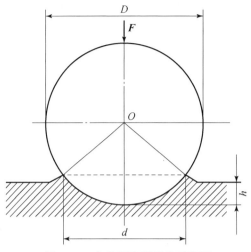

图 1 – 3    布氏硬度测量法原理图

    在实际测量中，一般不采用上述公式计算布氏硬度值，而是采用读数显微镜（见图 1 – 4）测出压痕直径后，根据压痕直径在布氏硬度表中直接查出布氏硬度值。

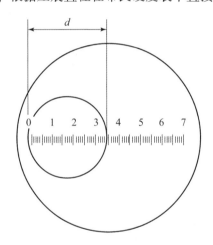

图 1 – 4    读数显微镜下的压痕直径

    （2）布氏硬度测量法的特点。布氏硬度测量法的压痕面积大，能够较好地反映被测材料的平均硬度，数据的重复性较好，因此，可以用于测量组织结构粗大或组织不均匀的铸铁。但由于其压痕面积大，对被测材料表面的损伤较大，因此一般不用于测量成品件或薄壁件。布氏硬度测量法主要用于铸铁、非金属及经退火、正火、调质处理后硬度较低钢材的原材料或半成品的硬度测量，材料硬度范围小于 650 HBW。

    （3）布氏硬度的标注方法。布氏硬度一般不标注单位，只标明数值。布氏硬度的表示方法：布氏硬度值 + 硬度符号 HBW（HBS）+ 试验条件（压头直径 + 试验力 + 试验力保持时间，其中试验保持时间为 10 ~ 15 s 时，可以不标出）。例如，175 HBS 10/1000/30，表示用直径 10 mm 的淬火钢球压头，在 1 000 kgf（9 807 N）试验力的作用下，保持 30 s 时测得的布氏硬度值为 175；450 HBW 5/750/30 表示用直径 5 mm 的硬质合金球压头，在 750 kgf（7 355.25 N）试验力的作用下，保持 30 s 时测得的布氏硬度值为 450。

**2. 洛氏硬度测量法**

（1）试验原理。将锥角为120°的金刚石圆锥或一定直径的硬质合金球压头，在规定的试验力作用下压入被测材料表面，以压痕深度确定被测材料的硬度，如图1−5所示。测量洛氏硬度所用的压头比测量布氏硬度所用的压头小，为了保证测量时压头和被测材料表面有较好的接触，试验时先施加初始试验力。首先，施加初始试验力 $F_1$，此时对应的压入深度为 $h_1$；然后，增加主试验力 $F_2$（总试验力 $= F_1 + F_2$），此时对应的压入深度为 $h_2$；保持规定时间，去除主试验力 $F_2$，保持初始试验力 $F_1$，由于被测材料的弹性恢复使得压头略微上升，此时对应的压入深度为 $h_3$；$h = h_3 - h_1$ 为残余压痕深度，残余压痕深度越小，硬度越高。为了和人们的习惯保持一致，规定数值越大，硬度越高。通常采用以下数学方式处理残余压痕深度，最终得到材料的洛氏硬度为

$$HR = N - \frac{h}{S}$$

式中 　HR——洛氏硬度；

　　　　$N$——全量程常数，压头为金刚石圆锥体时，$N = 100$，压头为硬质合金球时，$N = 130$；

　　　　$h$——残余压痕深度；

　　　　$S$——标尺常数，一般为0.002 mm。

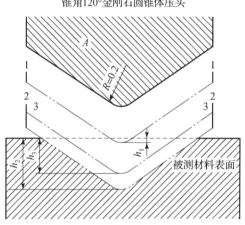

图1−5　洛氏硬度测量法原理图

实际测量时，洛氏硬度的数值可通过试验机的表盘直接读出。

（2）洛氏硬度测量法的特点。洛氏硬度测量法的测量范围广，可以用于测量较软的材料，也可以用于测量较硬的材料。根据被测材料的软硬程度及厚薄程度，可以选用不同标尺，如A、B、C等（见表1−1），其中应用最广泛的是标尺C。标尺C的测量范围为20~70 HRC，主要用于淬火钢、合金调质钢等硬度的测量。

洛氏硬度测量法是目前应用最为广泛的一种硬度测量方法，压痕小，对被测材料表面的损伤小，可以用于成品件及薄件的硬度测量。但由于其压痕小，数据的重复性不如压痕大的布氏硬度测量法，因此，实际测量中通常测量被测表面三个不同位置的硬度值，然后取平均值作为该材料的洛氏硬度值。同时，要避免采用洛氏硬度测量法来测量组织不均匀的材料。

表 1 – 1　常用洛氏硬度测量法的试验条件、测试范围及应用举例

| 洛氏硬度标尺 | 硬度符号 | 压头类型 | 总试验力 | 硬度值有效范围 | 应用举例 |
|---|---|---|---|---|---|
| A | HRA | 120°金刚石圆锥体 | 60 kgf | 20 ~ 95 HRA | 硬质合金、表面淬硬层、渗碳层 |
| B | HRB | $\phi$1.588 mm 碳化钨球 | 100 kgf | 10 ~ 100 HRB | 非铁金属、退火钢、正火钢 |
| C | HRC | 120°金刚石圆锥体 | 150 kgf | 20 ~ 70 HRC | 淬火钢、合金调质钢等 |

（3）洛氏硬度的标注方法。

与布氏硬度一致，洛氏硬度也不标注单位。不同的标尺之间没有对应关系，不能直接换算洛氏硬度的标注方法。测定的硬度值标在硬度符号 HR 前面，而标尺则在硬度符号 HR 后面，例如，60 HRC 表示用标尺 C 测定的洛氏硬度值为 60，80 HRA 表示用标尺 A 测定的洛氏硬度值为 80。

3. 维氏硬度测量法

（1）试验原理。维氏硬度测量法原理和布氏硬度测量法原理类似，如图 1 – 6 所示，两者都是以单位面积上承受的平均压力来表示硬度值。测量时，采用面夹角 $\alpha$ 为 136°的金刚石正四棱锥压头，以规定的试验力压入被测材料表面，保持规定时间后卸除试验力，测量被测表面上压痕对角线长度，以其平均值来计算维氏硬度值。维氏硬度的符号为 HV，计算公式为

$$HV = 0.102 \times \frac{F}{S} = \frac{0.102 \times 2F\sin\frac{\alpha}{2}}{\alpha^2} = 0.189\,1 \times \frac{F}{d^2}$$

式中　HV——维氏硬度；

$F$——试验力（N），计算时换算为千克力（kgf）；

$S$——压痕表面积（mm²）；

$d$——压痕对角线的平均值（mm）。

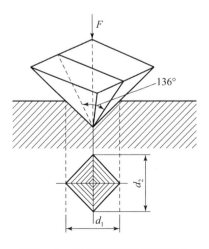

图 1 – 6　维氏硬度测量法原理图

实际测量中，测出压痕对角线的平均值后，直接通过查表即可获得对应的维氏硬度值。

（2）维氏硬度测量法的特点。布氏硬度测量法不能测量硬度过高的材料，硬度必须小于 650 HBW。洛氏硬度测量法的测量范围广，软的、硬的材料都可以测量，但是不同标尺之间没有对应关系。维氏硬度测量法只有一种标尺，可以直接从维氏硬度值的大小来比较材料的硬度。

维氏硬度测量法压痕小、测量范围广（5~3 000 HV），特别适用于经过表面淬火和化学热处理零件表面硬度的测量。由于维氏硬度测量时，压痕对角线长度测量复杂，且对被测材料表面的质量要求高，因此，其测量效率低，实际应用中没有洛氏硬度测量法使用方便。

（3）维氏硬度的标注方法。维氏硬度的标注方法与布氏硬度的标注方法相同，硬度值写在硬度符号 HV 前面，试验条件写在硬度符号 HV 后面，其中试验力保持时间为 10~15 s 时，可以不标出。例如，600 HV 30/20 表示在 30 kgf（294.21 N）试验力的作用下，保持 20 s 时测得的维氏硬度值为 600。

## 六、冲击韧性

强度、塑性和硬度等力学指标是在静载荷的作用下测量的，而冲击韧性是在动载荷（冲击载荷）的作用下测量的。工程中存在很多冲击载荷，有时候是利用冲击载荷的特性工作，如锻锤杆、压力机冲头等；有时则是避开冲击载荷，以免发生破坏等，如刀具的切削过程。

金属材料的冲击韧性是指在冲击载荷的作用下，金属材料在断裂前吸收形变能量的能力，即抵抗冲击破坏的能力。冲击载荷的加载速度快、作用时间短，较静载荷来说，冲击载荷对材料的破坏性更大。通常采用吸收能量 $K$（单位为 J）来衡量材料的冲击韧性。冲击吸收的能量越大，材料承受冲击的能力越强。

### 1. 夏比摆锤冲击试验

夏比摆锤冲击试验是在摆锤式冲击试验机上完成的，按照国标《金属材料 夏比摆锤冲击试验方法》（GB/T 229—2020）进行，冲击试样有 U 形缺口和 V 形缺口两种，如图 1－7 所示。采用不同类型的冲击试样测得的吸收能量不能直接进行比较。

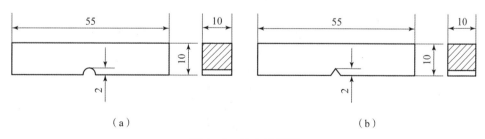

图 1－7　冲击试样图

（a）U 形缺口试样；（b）V 形缺口试样

试验时，将带有缺口的冲击试样放在试验机的机架上，使试样的缺口位于两支座中间，缺口背向摆锤的冲击方向，如图 1－8 所示。

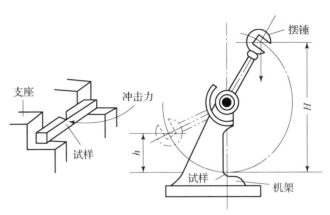

图 1-8　夏比摆锤冲击试验原理图

然后，将规定质量的摆锤升高到规定的高度 $H$，释放摆锤、冲断试样，由于惯性摆锤继续运动至高度 $h$，冲击吸收能量可直接在试验机的刻度盘上读取。在整个试验过程中，忽略其他能量损失，摆锤的势能差即为冲击试样的吸收能量 $K$，计算公式为

V 形缺口样件

$$K_V = mgH - mgh = mg(H - h)$$

U 形缺口样件

$$K_U = mgH - mgh = mg(H - h)$$

冲击吸收能量是由强度和塑性共同作用的一个综合力学性能，不能直接用于零件设计计算，常将它作为一个重要的参考指标。

2. 韧脆转变现象

一般将冲击吸收能量低的材料称为脆性材料，将冲击吸收能量高的材料称为韧性材料。冲击吸收能量对温度非常敏感，大部分金属材料的冲击吸收能量随着温度的降低而降低，如图 1-9 所示。当温度降至某一温度范围时，冲击吸收能量显著下降，金属材料由韧性材料转变成脆性材料，这种现象称为韧脆转变现象，韧脆转变温度范围称为韧脆转变温度。

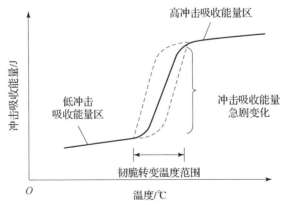

图 1-9　冲击吸收能量与温度关系曲线

韧脆转变温度是金属材料韧脆倾向的衡量指标，韧脆转变温度越低，说明金属材料的低温冲击性能越好；而韧脆转变温度越高的金属材料，在低温时则越容易出现低温脆断。因此，韧脆转变温度决定了金属材料的使用温度范围。

### 3. 小能量多次冲击试验

在实际工程中，绝大多数情况都是机械零件在小能量多次冲击载荷作用下失效的，如冲模的冲头、柴油机的曲轴等。金属材料在多次冲击下的破坏过程与一次冲击下的破坏过程完全不同，多次冲击下的破坏过程由每次冲击损伤累积，导致裂纹的产生、扩展和瞬时断裂。例如，虽然高强度球墨铸铁的一次冲击吸收能量很低，但将其用作发动机的曲轴，却没有发生断裂。

在实际工程中，常采用多次冲击弯曲试验来测量金属材料的多次抗冲击能力。研究表明，材料抵抗小能量多次冲击的能力主要取决于金属材料的强度，而抵抗大能量多次冲击的能力主要取决于金属材料的塑性。

## 七、疲劳

### 1. 金属的疲劳现象

在实际工程中，许多零件都是在循环应力的作用下工作的，如曲轴、弹簧及齿轮等。在循环应力的作用下，零件受到的载荷常低于屈服强度，但经过一定的循环次数后零件发生突然断裂，这种现象称为金属的疲劳现象。

疲劳断裂是一种低应力断裂，断裂应力低于屈服强度，金属材料在疲劳断裂发生前没有产生明显的塑性形变，而是突然断裂，因此，疲劳断裂的危险性很大。据统计，在失效的机械零件中，80%以上的失效都是由疲劳引起的。

### 2. 疲劳曲线

疲劳曲线是疲劳应力与疲劳寿命之间的关系曲线，又称 $S$—$N$ 曲线，它表征的是金属材料承受的循环应力 $S$ 与断裂时的应力循环次数 $N$ 的关系，如图 1-10 所示。

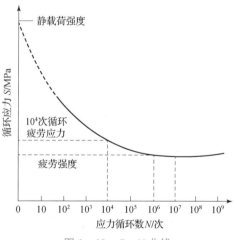

图 1-10　$S$—$N$ 曲线

由疲劳曲线可知，随着循环应力的增加，断裂时的应力循环次数就越小；相反，应力越小，断裂时的应力循环次数就越大。当循环应力低于某值时，金属材料经受无限次循环应力都不会发生疲劳断裂，该应力称为材料的疲劳强度，用 $\sigma_D$ 表示。对称弯曲应力条件下，疲劳强度用 $\sigma_{-1}$ 表示。在实际应用中，一般规定钢材循环 $10^7$ 次材料仍不发生断裂的最大循环应力为该材料的疲劳强度，而非铁材料循环 $10^8$ 次材料仍不发生断裂的最大循环应力为该材料的疲劳强度。研究表明，金属材料的疲劳强度随着抗拉强度的提高而提高，且两者存在一定的经验关系，$\sigma_D \approx 0.4 \, R_m \sim 0.6 \, R_m$。

### 3. 提高金属疲劳强度的措施

疲劳破坏是指由于内部缺陷（疏松、夹杂和气孔）、表面划痕或缺口等原因引起应力集中，从而在该区域产生的微裂纹。

在设计零件时，可以在结构形状上减小应力集中、降低表面粗糙度来提高零件的疲劳强度；也可以通过采用表面强化（表面热处理、化学热处理、喷丸等）手段来改变零件表层的残余应力状态，从而提高零件的疲劳强度。

## 拓 展 阅 读

1867 年的冬天，俄国彼得堡海关仓库里发生了一件怪事：堆在仓库内的大批锡砖一夜之间突然不翼而飞，留下来的却是一堆堆像泥土一样的灰色粉末。同年冬天，从该仓库里取出的军用大衣，在准备发给俄国士兵穿时，被发现好多都没有钉纽扣。再仔细看看，纽扣处也有着一些灰色粉末。

无独有偶，在 1912 年，英国探险家斯科特带了大量给养（包括液体燃料）去探险，却一去就杳无音信，后来发现他已冻死在南极。带了那么多的液体燃料为什么还无济于事呢？原来那些盛液体燃料的铁筒焊接缝的锡都化成了灰土，铁筒破裂，液体燃料流得干干净净。

科学家进行了大量研究，终于发现了锡的奥秘。原来，普通的白锡在气温下降到 -13.2 ℃时，会慢慢变成灰锡。温度急剧下降到 -33 ℃时，就会产生"锡瘟"，锡一夜间就会化为灰色粉末。1867 年的冬天，彼得堡很冷，达到 -38 ℃，所以锡砖和锡纽扣都化成了灰色粉末。

### 【创新思考】

（1）本模块开头的案例中提到钢丝很难拉断，那么要施加多大的载荷才能将钢丝拉断？

（2）通过反复弯曲，却能轻松地将钢丝折断，这又是为什么呢？

## 学习模块二　金属的物理性能和化学性能

### 【案例导入】

日常生活中常见的导线为什么多选用铜而不选用铝来制作？保险丝为什么常选用锡和铅等材料？本模块将学习金属物理性能和化学性能的主要指标。

### 【知识内容】

#### 一、金属的物理性能

金属的物理性能是指金属在重力、电磁场、温度等物理条件下表现出来的固有属性。

金属常见的物理性能有密度、熔点、导电性、导热性、热膨胀性和磁性等。

## 1. 密度

密度是指单位体积物质的质量，用符号 $\rho$ 表示。密度是金属材料的特性之一，不同的金属材料其密度是不同的。工程中，一般将密度小于 $5 \times 10^3 \, \text{kg/m}^3$ 的金属称为轻金属（如钛、镁、铝等），将密度大于 $5 \times 10^3 \, \text{kg/m}^3$ 的金属称为重金属（如铁、铜、锡等）。

在工程中，常用密度来计算毛坯或零件的质量。此外，密度也常作为零件的选材依据，根据零件的使用要求而选择不同密度的材料。对于需要自重轻、惯性小的零件，常选择密度小的材料，如发动机活塞、飞机、汽车等；而对于需要通过增加自重来增加稳定性的零件，则需要选择密度大的材料，如深海潜水器、机床等。常见金属材料的密度见表 1-2。

表 1-2　常见金属材料的密度

| 材料 | 密度/(kg·m⁻³) | 材料 | 密度/(kg·m⁻³) |
|---|---|---|---|
| 铝 | $2.7 \times 10^3$ | 铅 | $11.3 \times 10^3$ |
| 铜 | $8.9 \times 10^3$ | 锡 | $7.3 \times 10^3$ |
| 铁 | $7.8 \times 10^3$ | 铸铁 | $(6.6 \sim 7.4) \times 10^3$ |
| 钛 | $4.5 \times 10^3$ | 黄铜 | $(8.5 \sim 8.8) \times 10^3$ |

## 2. 熔点

金属或合金由固态向液态转变的温度称为熔点。纯金属具有固定的熔点，如纯铁的熔点为 1 538 ℃；而合金的熔点则取决于其成分，如铁碳合金，不同含碳量的铁碳合金对应的熔点也不同。熔点高的金属称为难熔金属，熔点低的金属称为易熔金属。常见金属材料的熔点见表 1-3。

表 1-3　常见金属材料的熔点

| 材料 | 熔点/℃ | 材料 | 熔点/℃ |
|---|---|---|---|
| 铅 | 327.5 | 钼 | 2 630 |
| 铜 | 1 083 | 锡 | 231.9 |
| 铁 | 1 538 | 铸铁 | 1 148~1 279 |
| 钨 | 3 410 | 黄铜 | 930~980 |

在工程中，应针对零件的实际工作条件，选择具有不同熔点的材料，以满足其使用性能。对于需要耐高温的零件，如火箭、锅炉、喷气飞机等零件，一般选择钨、钼、钒等难熔金属；而熔断器、焊接钎料、防火安全阀等零件，则利用易熔金属低熔点的特性来保证使用性能，如铅、锡等。

## 3. 导电性

金属材料的导电性是指金属传导电流的能力，通常用电阻率 $\rho$ 或者电导率 $\gamma$ 来描述，电阻率是电导率的倒数。电导率越大，金属的导电性越好，通常，纯金属的导电性比合金好。常见金属材料的电阻率见表 1-4。

表1-4  常见金属材料的电阻率

| 材料 | 电阻率（0℃)/($10^{-8}$ Ω·m) | 材料 | 电阻率（0℃)/($10^{-8}$ Ω·m) |
|---|---|---|---|
| 铝 | 2.83 | 钛 | 42.1～47.8 |
| 铜 | 1.67～1.68（20℃) | 锡 | 11.5 |
| 铁 | 9.7 | 镁 | 14.47 |
| 银 | 1.5 | 镍 | 6.84 |

工业中，电线、电缆等电器材料，通常选用电阻率低的银、铜、铝；而电阻器或电热元件，通常选用电阻率高的镍铬合金、铁铬铝合金。

### 4. 导热性

金属材料的导热性是指金属传导热量的能力，常用热导率 $\lambda$ 来表示。热导率越大，金属的导热性越好，与导电性一样，纯金属的导热性比合金的导热性好。常见金属材料的热导率见表1-5。

表1-5  常见金属材料的热导率

| 材料 | 热导率/(W·$m^{-1}$·$K^{-1}$) | 材料 | 热导率/(W·$m^{-1}$·$K^{-1}$) |
|---|---|---|---|
| 铝 | 221.9 | 钛 | 15.1 |
| 铜 | 393.5 | 锡 | 62.8 |
| 铁 | 75.4 | 镁 | 153.7 |
| 银 | 418.6 | 镍 | 92.1 |

在锻造、铸造、热处理和焊接等热加工工艺中，需要考虑金属材料的导热性，以防止金属在加热和冷却过程中因温差过大而产生较大的变形，甚至断裂。可以选择导热性好的金属材料或者采用缓慢加热、冷却来防止金属材料产生较大的变形和开裂。此外，一般来说，导热性好的金属材料散热性也好，所以对于散热器、热交换器等传热元件，常选择导热性好的金属材料；而保温器材等则需要选择导热性差的金属材料。

### 5. 热膨胀性

金属材料的热膨胀性是指金属材料在温度变化时热胀冷缩的能力，常用热膨胀系数 $\alpha_1$ 来表示。常见金属材料的热膨胀系数见表1-6。通常情况下，随着温度的升高，金属发生膨胀，体积增大；温度降低时，金属收缩，体积减小。

表1-6  常见金属材料的热膨胀系数（0～100℃)

| 材料 | 热膨胀系数/($10^{-6}$℃$^{-1}$) | 材料 | 热膨胀系数/($10^{-6}$℃$^{-1}$) |
|---|---|---|---|
| 铝 | 23.6 | 钛 | 8.2 |
| 铜 | 17.0 | 锡 | 2.3 |
| 铁 | 11.76 | 镁 | 24.3 |
| 银 | 19.7 | 镍 | 13.4 |

对于精密量具、仪表等，应选用热膨胀系数小的材料，以保证其在不同温度下使用均有较好的精度。在许多工程应用中，也需要考虑材料的热膨胀性，以保证正常使用。例如，铁轨的铺设，每段铁轨连接处需要保留一定的间隙，为受热膨胀留下空间；制定热加工工艺时，也需要考虑热膨胀性，以防止金属材料变形或开裂。

### 6. 磁性

金属材料的磁性是指金属材料在被磁场磁化后呈现磁性强弱的能力。根据在磁场中的磁化程度，金属材料可分为铁磁性材料和非铁磁性材料。铁磁性材料可以被磁铁吸引，如铁、镍、钴等；非铁磁性材料不能被磁铁吸引，如金、银、铜等。需要注意，有些金属的磁性会发生变化。例如，铁在常温下具有磁性，而在温度 770 ℃ 以上时却为非磁性材料。

制造变压器的铁芯、发电机的转子、测量仪表，通常选用铁磁性材料；而对于要求避免电磁场干扰的零件和结构件，则通常选用非铁磁性材料。

## 二、金属的化学性能

金属的化学性能是指在室温或高温下，材料抵抗各种化学介质作用的能力，包括耐腐蚀性、抗氧化性和化学稳定性等。

### 1. 耐腐蚀性

金属材料的耐腐蚀性是指金属材料在常温下抵抗氧气、水及其他化学物质腐蚀破坏的能力。金属的腐蚀现象随处可见，如铁生红锈、铜生绿锈、铝生白点等。腐蚀不仅造成金属表面光泽的缺失，严重时还会引起重大事故。因此，在工程中，常常要对材料采取防腐措施，特别是一些特殊工作条件下的零件。

在工程中，应该根据不同的使用条件选用适当的耐腐蚀性材料。储存及运输酸类的容器等应选用耐酸腐蚀的材料，船舶用钢则需要选用耐海水腐蚀的材料。

### 2. 抗氧化性

金属材料的抗氧化性是指金属材料在加热时抵抗氧化作用的能力。金属材料在高温下容易和氧气发生反应，生成氧化皮，造成材料的损耗，也会形成功能缺陷。

耐热钢、高温合金、钛合金等具有良好的抗氧化性。加热炉、锅炉等需要选用抗氧化性好的材料，而对于锻造、热处理等热加工工艺，可在炉中增加惰性保护气体，从而减少金属材料的氧化。

## 拓 展 阅 读

中国自己生产的 C919 大型客机首次大规模采用了第三代铝锂合金，并且实现了第三代铝锂合金的完全国产化生产，这在世界民航史上是一个了不起的创举。

第三代铝锂合金有哪些优点呢？首先是轻。第三代铝锂合金的密度要比传统铝合金低约 10%，这意味着采用该材料制造的零部件可以减小质量，提高飞机的运载能力和燃油效率。其次，第三代铝锂合金具有极高的强度。相比传统铝合金，第三代铝锂合金具有更高的屈服强度和抗拉强度，同时还具备更好的刚度和耐久性。这意味着采用该材料制造的零部件可以具有更好的结构强度和抗疲劳性能。再次，第三代铝锂合金使飞机零件更容易加工。第三代铝锂合金具有良好的可加工性，可以通过各种加工方法，如挤压、锻造、深冲等，来制造各种形状和规格的零部件。最后，第三代铝锂合金还具备优异的耐腐蚀性。相比传统铝合金，在高温、高湿等恶劣环境下，第三代铝锂合金具有更好的耐腐蚀性能，可以保证零部件在使用过程中不会出现表面氧化和损坏现象。

随着科技的不断进步，相信中国的材料科学和工程也会迎来更加辉煌的未来。

## 【创新思考】

(1) 日常生活中导线常选用铜，这是为什么呢？它具有什么特点？

(2) 什么样的材料适合制作保险丝？

# 学习模块三　金属的工艺性能

## 【案例导入】

实际工程中，常采用铸造的方法将铸铁加工成形状复杂的铸件，为什么不能采用锻造的方法来加工呢？

## 【知识内容】

### 一、铸造性能

金属材料的铸造性能是指金属材料在铸造过程中获得外形准确、内部健全的能力。铸造是一种热加工工艺，是将熔化的金属液体浇注到模型腔中，然后经过凝固和冷却后获得与模型腔形状一致的铸件的加工方法。常用的铸造性能指标有流动性、收缩性和偏析。

#### 1. 流动性

金属材料的流动性是指熔融金属的流动能力，流动性越好，浇注时金属就越容易充满模型腔，从而获得外形完整、尺寸精确的铸件，即铸造性能就越好。流动性好的金属材料可以浇注薄而复杂的零件；流动性差的金属材料进行浇注时，铸件易出现浇不到、气孔和夹渣等现象。

为了获得较好的铸件，一方面可以在选材上选择流动性好的金属材料，另一方面也可以通过提高浇注温度来改善金属材料的流动性。

#### 2. 收缩性

金属材料的收缩性是指铸件经过凝固和冷却后，铸件的体积和尺寸发生了减小。铸件收缩会使铸件的尺寸发生变化，而且会产生缩孔、缩松、内应力、变形、开裂等缺陷。

金属材料的收缩性越小，铸造性能越好。

#### 3. 偏析

金属材料的偏析是指金属凝固后，其内部产生化学成分和组织不均匀的现象。偏析使得铸件的力学性能不均匀，特别是大型铸件需要采取相应措施控制偏析现象的发生。

在铸造中，尽量选择偏析小的金属材料。

## 二、锻造性能

金属材料的锻造性能是指金属材料在锻压加工中承受塑性形变而不破裂的能力。锻造属于压力加工，是将金属加热到适当温度，然后通过压力加工获得制件或毛坯的一种加工方法。锻造性能主要与金属材料的塑性和变形抗力有关，塑性越好，变形抗力越低，金属材料的锻造性能就越好。

铁碳合金中，随着含碳量的增加，锻造性能逐渐降低。当金属含碳量大于 2.11% 时，金属材料的塑性几乎为零，不能进行锻造。

## 三、焊接性能

金属材料的焊接性能是指在一定的焊接条件下，获得优质焊接接头的能力。焊接是通过局部加热或加压，或同时加热加压，并且用或者不用填充材料，将分离的金属或零件永久连接的方法。

碳钢的焊接性能主要取决于含碳量，工程中常用碳当量（carbon equivalent，CE）来评定材料的焊接性能。碳当量越低，焊接性能就越好。低碳钢的焊接性能好，焊接工艺简单；高碳钢的焊接性能差，焊接时需要提前预热，焊接工艺复杂。

## 四、切削加工性能

金属材料的切削加工性能是指金属材料在切削加工时的难易程度。切削加工是常用的零件加工方法，常见的切削加工有车削、铣削、刨削和磨削。切削加工的性能常用切削后的表面质量和刀具的寿命等来衡量，主要影响因素有金属材料的化学成分、内部组织、硬度等。

材料太硬容易崩刀，材料太软容易粘刀，一般认为材料硬度在 170~230 HBW 范围最适合进行切削加工。铸铁的切削加工性能比钢的好，而一般碳钢的切削加工性能又比高合金钢的好。

工程中可以通过选择不同化学成分的钢来改善切削加工性能，当材料确定后，可以通过适当的热处理工艺来改善其切削加工性能。

## 五、热处理工艺性能

金属材料的热处理工艺性能是指金属材料能否通过热处理工艺来改善或提高金属的力学性能。热处理是指金属材料在固态下采用适当的方式对其进行加热、保温、冷却，以获得所需的组织和性能。热处理工艺性能的主要衡量指标有淬透性、淬硬度、耐回火性、氧化与脱碳倾向及热处理变形与开裂倾向等。

中碳钢、高碳钢及中碳合金钢、高碳合金钢都具有较好的热处理工艺性能，而有色金属一般不容易进行热处理。淬透性、淬硬度、耐回火性等将在本书的相关章节进行详细介绍。

想一想

在本单元开头的"引导语"中提到金属材料具备不同的性能。通过对本单元内容的学习后，应能掌握金属材料的常用性能及指标，并在实际中进行运用。保险丝、防火安全阀会选择什么材料？起吊重物的钢丝绳在设计时需要校核哪些力学指标？对于轴承座、汽车半轴、钻头表面硬化齿轮应该选用什么样的方法进行测试？对于承受交变载荷的零件，在设计时仅仅考察其强度指标就可以了吗？

## 拓 展 阅 读

锻造一直致力于"国之重器"的制造业领域，从事这个领域的工作人员都带着"强国梦"的使命感。第四代核电站的反应堆容器中有一个非常重要的组件，即直径长达 15.6 m 的巨型不锈钢支承环，这个支承环要承载的容器重达 7 000 t，同时还要承受起堆、承堆的疲劳载荷，以及中子辐射、钠液腐蚀等极端的工作条件。

面对大钢锭存在的偏析问题，孙明月教授团队在国际上率先提出了金属构筑成形技术，以小制大。该技术通过将多块均质化板坯进行表面加工、清洁处理、堆垛成形和真空封装后，在高温下施以保压锻造、多向锻造为特点的工艺，充分愈合界面，实现界面与基体完全一致的"无痕"连接，从而制得高品质大锻件。

这个直径 15.6 m 的不锈钢支承环，不仅打破了世界锻造领域内大锻件用大钢锭制成的这种设想，还创造了多项世界纪录，引领了世界大锻件制造技术的发展。

## 【创新思考】

（1）本模块开头的案例中提到铸铁常采用铸造的方法进行加工，这是为什么呢？

（2）铸铁为什么不能采用锻造的方法进行加工呢？

## 综合训练

### 一、名词解释

1. 强度。

2. 刚度。

3. 塑性。

4. 硬度。

5. 韧性。

6. 疲劳。

7. 屈服强度。

8. 抗拉强度。

9. 断后伸长率。

### 二、填空题

1. 金属的性能包括_____和_____。

2. 金属的使用性能包括_____、物理性能和_____。

3. 金属的主要力学性能指标有_____、_____、_____、疲劳和_____。

4. 拉伸试验的圆形比例试样有长拉伸试样和短拉伸试样，其中工程中常采用_____。

5. 常用的硬度测量方法有_____、_____和_____，它们的符号分别为_____、_____和_____。

6. 450 HBW 5/750 表示压头的直径为_____，压头的材质为_____，在_____试验力的作用下，保持_____时测得的_____硬度值为_____。

7. 对于不同金属材料的硬度测定，洛氏硬度计采用不同的_____和载荷作为硬度标尺。每种标尺由一个_____字母表示，标注在符号 HR 后面，如_____、_____和_____等。

8. 填出相应的力学性能指标符号：屈服强度_____、洛氏硬度 A 标尺_____、短拉伸试样的断后伸长率_____、断面收缩率_____。

9. 金属材料抗多次冲击的能力取决于_____和_____两项指标。

10. 金属材料疲劳断裂的断口一般由_____、_____和_____组成。

11. 一般将密度小于 $5 \times 10^3$ kg/m³ 的金属称为_____，将密度大于 $5 \times 10^3$ kg/m³ 的金属称为_____。

12. 根据金属材料在磁场中受到磁化程度的不同，金属材料可分为_____材料和_____材料。

13. 金属的化学性能主要包括_____、_____、和_____等。

14. 金属的工艺性能包括铸造性能、_____、_____、_____和切削加工性能等。

### 三、选择题

1. 拉伸试验时，试样拉断前能够承受的最大应力称为该材料的_____。
A. 屈服强度　　　　　　　　　　　　　B. 抗拉强度

2. 测定淬火钢件的硬度，一般常选用_____来测试。
A. 布氏硬度计　　　　　　　　　　　　B. 洛氏硬度计

3. 金属在力的作用下，抵抗永久形变和断裂的能力称为_____。
A. 硬度　　　　　　B. 塑性　　　　　　C. 强度

4. 做冲击试验时，试样承受的载荷为_____。
A. 静载荷　　　　　　B. 冲击载荷　　　　　　C. 拉伸载荷

5. 金属材料的疲劳强度随着_____的提高而提高。
A. 抗拉强度　　　　　　B. 塑性　　　　　　C. 硬度

6. 金属_____越好，其变形抗力越低，金属的锻造性能就越好。
A. 强度　　　　　　B. 塑性　　　　　　C. 硬度

### 四、判断题

1. 塑性形变能随载荷的去除而消失。　　　　　　　　　　　　　　（　　）

2. 当拉伸力超过屈服拉伸力后，试样抵抗形变的能力将会增加，此现象为冷变形强化，即变形抗力增加现象。　　　　　　　　　　　　　　　　（　　）

3. 所有金属材料在拉伸试验时都会出现显著的屈服现象。　　　　　　（　　）

4. 在设计机械零件时，如果要求零件刚度大，则应选用具有较高弹性模量的材料。

　　　　　　　　　　　　　　　　　　　　　　　　　　　　（　　　）

5. 测定金属的布氏硬度时，当试验条件相同时，压痕直径越小，金属的硬度越低。

　　　　　　　　　　　　　　　　　　　　　　　　　　　　（　　　）

6. 洛氏硬度值是根据压头压入被测金属材料的残余压痕深度增量来确定的。（　　　）

7. 在大能量多次冲击条件下，金属材料抗多次冲击的能力，主要取决于金属材料强度的高低。　　　　　　　　　　　　　　　　　　　　　　　　　　（　　　）

8. 1 kg 钢和 1 kg 铝的体积是相同的。　　　　　　　　　　　　　　（　　　）

9. 合金的熔点取决于它的化学成分。　　　　　　　　　　　　　　　（　　　）

10. 一般来说，纯金属的导热性比合金好。　　　　　　　　　　　　　（　　　）

11. 金属的电阻率越高，导电性越好。　　　　　　　　　　　　　　　（　　　）

12. 所有的金属都具有磁性，都能被磁铁所吸引。　　　　　　　　　　（　　　）

**五、简答题**

1. 画出退火低碳钢的拉伸曲线，并简述其拉伸形变包括的几个阶段。

2. 有一钢试样，其原始直径是 10 mm，原始标距长度是 50 mm，当载荷达到 18 840 N 时，钢试样产生屈服现象；载荷加至 36 110 N 时，钢试样产生颈缩现象，然后钢试样被拉断；拉断后钢试样标距长度是 73 mm，断裂处直径是 6.7 mm，求钢试样的 $R_{eL}$、$R_m$、$A$ 和 $Z$。

3. 采用布氏硬度测量法测量金属材料的硬度值有哪些优点和缺点？

# 任务评价

任务评价见表 1-7。

表 1-7　任务评价表

| 评价目标 | 评价内容 | 完成情况 | 得分 |
|---|---|---|---|
| 素养目标 | 培养学生的职业道德观 | | |
| | 培养学生的互相协作精神 | | |
| | 培养学生的工匠精神和科学精神 | | |
| 技能目标 | 能够通过拉伸试验，测量常用低碳钢的主要力学性能指标 | | |
| | 能够掌握布氏硬度、洛氏硬度和维氏硬度的测试方法 | | |
| | 掌握冲击试验方法 | | |
| 知识目标 | 掌握金属的力学性能 | | |
| | 熟悉金属的工艺性能 | | |
| | 了解金属的物理性能和化学性能 | | |

一提到晶体大家会想到什么呢，是晶莹剔透的钻石还是水晶？其实金属是所有材料里最容易结晶的一大类，只是金属的晶体非常小，需要用电子显微镜才能看到。在微观世界里，可以把组成金属的原子看成一个个小球，这些小球规律的排列方式决定了金属晶体的结晶学构造。下面就一起来看一下这些小球是如何在微观空间中堆积成有序的结构的吧。

知识图谱

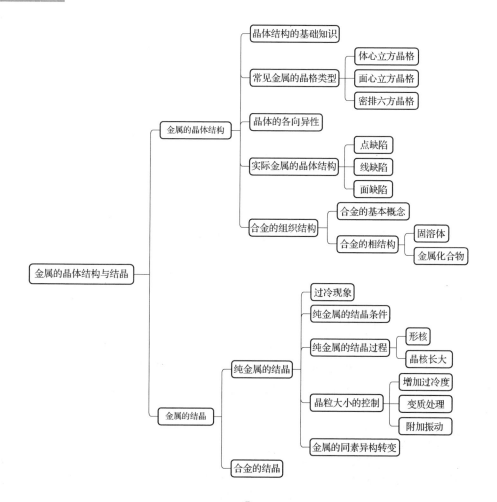

## 学习目标

知识目标
（1）掌握金属材料3种典型的晶格类型。
（2）了解常见晶体缺陷的分类。
（3）掌握合金的相结构分类。
（4）掌握纯金属的结晶过程。
（5）理解晶粒大小与力学性能的关系，并熟悉控制晶粒大小的方法。

技能目标
（1）具有判断金属所属晶格类型的能力。
（2）具有分析纯金属结晶过程的能力。
（3）具有控制晶粒大小的能力。

素养目标
（1）激发学生的学习欲望，具备知其然又知其所以然的态度。
（2）培养学生的科学思维、理性思维及辩证思维。
（3）培养学生追求学无止境、精益求精的工匠精神。

# 学习模块一　金属的晶体结构

## 【案例导入】

古时候人们就已注意到钢刀表面特殊的花纹与钢的质量有很大的关系，这个肉眼观察到的结果也启发了人们对金属材料更细微的结构进行探究。1863年，英国的矿物学家索拜在用岩相鉴定的方法观察钢铁抛光刻蚀表面的时候，发现了金属材料内部令人惊诧的微观组织结构，它与金属材料宏观力学性能之间的关系才慢慢地浮出水面，并逐渐被人们所接受。金属材料内部组织结构是什么特点？微观组织结构与宏观力学性能之间的关系是怎么样的？本模块将学习金属的晶体结构。

## 【知识内容】

目前，已发现的100多种化学元素中，金属元素大约占3/4，金属材料的种类多样。金属材料的化学成分若不同，则其对应的性能也不同。但对同一种化学成分的金属材料，如果使用不同的加工工艺，使金属材料内部的组织结构发生改变，则其对应的性能也会相应改变。因此，除了材料本身的化学成分，金属的内部结构和组织状态也会影响金属材料的性能。

### 一、晶体结构的基础知识

按照原子或分子的排列特点，可以把自然界中的固态物质分为晶体和非晶体，晶体与非晶体最本质的差别在于微观结构的不同。若物质内部的原子或分子在三维空间内是按照一定的几何规律进行周期性排列，则这种物质称为晶体；若物质内部的原子或分子排列散乱、无规律，则这种物质称为非晶体。自然界中除了少数物质，如松香、普通玻璃、赛璐珞、石蜡、沥青等，绝大多数的固体都是晶体。在常温下，除了水银为液态外，其余的金属都为固态。因此，研究金属应该从认识金属的晶体结构入手。

为了便于理解，先把晶体看作是没有缺陷的理想晶体，晶体内的原子按照一定的规律进行堆垛，如图 2 - 1（a）所示。堆垛模型虽然很直观易懂，但不容易观察内部原子的排列规律。为了更加清楚地描述原子的排列规律，把堆垛模型中的每个小球简化成一个点，这些点称为结点。如果把结点用假想的平行直线连接起来，则能构成一个有规律的空间格架，这种空间格架称为结晶格子，简称晶格，如图 2 - 1（b）所示。可以看出结点是构成晶格的基本要素。晶格中结点的排列具有明显的规律性和周期性，为了进一步简化晶格模型，通常从晶格中选取一个能够完全反映晶格特征的最小几何单元来表征原子的排列规律，这个最小的几何单元称为晶胞，如图 2 - 1（c）所示。

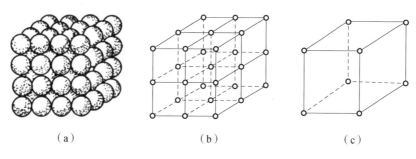

（a）　　　　　　　　（b）　　　　　　　　（c）

图 2 - 1　理想晶体的晶体结构

（a）原子的堆垛模型；（b）晶格；（c）晶胞

取晶胞上某一结点作为原点，沿 3 条棱边作 3 个坐标轴 $x$、$y$、$z$，这 3 个坐标轴又称晶轴。晶胞的大小和形状常以晶胞的棱边长度 $a$、$b$、$c$ 及棱边夹角 $\alpha$、$\beta$、$\gamma$ 等 6 个参数来表示，如图 2 - 2 所示。晶胞的棱边长度称为晶格常数或点阵常数，在 $x$、$y$、$z$ 轴上分别以 $a$、$b$、$c$ 表示，$y—z$ 轴，$z—x$ 轴和 $x—y$ 轴之间的夹角分别用 $\alpha$、$\beta$、$\gamma$ 来表示，又称晶轴间夹角。

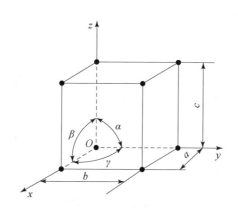

图 2 - 2　晶胞参数

## 二、常见金属的晶格类型

目前，已知的金属种类有 80 多种，绝大部分金属都具有比较简单的晶体结构，其中最常见的晶体结构类型有 3 种，即体心立方晶格、面心立方晶格、密排六方晶格。

### 1. 体心立方晶格

体心立方晶格的晶胞是一个立方体，其模型如图 2-3 所示，棱边长度 $a=b=c$，棱边夹角 $\alpha=\beta=\gamma=90°$。晶胞模型中立方体的 8 个角和立方体的中心各有 1 个原子，但由于晶格由众多晶胞堆垛而成，因此，晶胞模型中的立方体每个角上的原子都要与其相邻的 8 个晶胞共用，即晶胞的每个角只算拥有 1/8 个原子，而立方体中心的这个原子完全属于这个晶胞。因此，体心立方晶格的晶胞拥有的原子总数为 2 个 [(1/8)×8+1]。

具有体心立方晶格的金属有 α-Fe（铁）、Cr（铬）、W（钨）、Mo（钼）、V（钒）、β-Ti（钛）、Nb（铌）等。

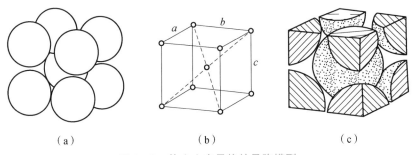

（a）　　　　　　（b）　　　　　　（c）

图 2-3　体心立方晶格的晶胞模型

（a）刚球模型；（b）质点模型；（c）晶胞原子数

### 2. 面心立方晶格

面心立方晶格的晶胞也是一个立方体，其模型如图 2-4 所示，棱边长度 $a=b=c$，棱边夹角 $\alpha=\beta=\gamma=90°$。晶胞模型中立方体的 8 个角和立方体各个面的中心各有 1 个原子。立方体每个角上的原子要与其相邻的 8 个晶胞共用，即晶胞的每个角只算拥有 1/8 个原子，立方体每个面的原子要与其相邻的 2 个晶胞共用，因此，面心立方晶格的晶胞拥有的原子总数为 4 个 [(1/8)×8+(1/2)×6]。

具有面心立方晶格的金属有 γ-Fe（铁）、Al（铝）、Cu（铜）、Ag（银）、Au（金）、Ni（镍）、Pb（铅）等。

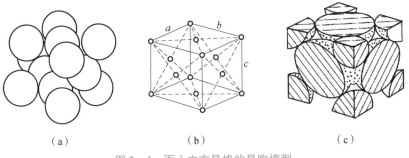

（a）　　　　　　（b）　　　　　　（c）

图 2-4　面心立方晶格的晶胞模型

（a）刚球模型；（b）质点模型；（c）晶胞原子数

### 3. 密排六方晶格

密排六方晶格的晶胞是一个上、下底面为正六边形的正六方柱体，其模型如图 2-5 所示。密排六方晶格的晶胞参数有 2 个，一个是正六边形的边长 $a$，一个是上、下底面的距离，即正六方柱体的高度 $c$，轴比 $c/a = 1.663$。

晶胞中上、下底面的正六边形每个顶角都有 1 个原子，上、下底面的六边形中心各有 1 个原子，正六方柱体里面还有 3 个原子。每个顶角的原子为周边 6 个晶胞共用，正六边形中心的原子为相邻 2 个面共用，正六方柱体内部的 3 个原子只属于这个晶胞，因此，密排六方晶格的晶胞拥有的原子总数为 6 个 $[(1/6) \times 12 + (1/2) \times 2 + 3]$。

具有密排六方晶格的金属有 Mg（镁）、Zn（锌）、Cd（镉）、铍（Be）、$\alpha$-Ti（钛）、$\alpha$-Co（钴）等。

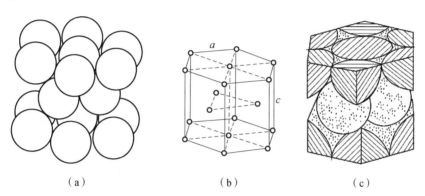

（a）　　　　　　　　（b）　　　　　　　　（c）

**图 2-5　密排六方晶格的晶胞模型**

（a）刚球模型；（b）质点模型；（c）晶胞原子数

## 三、晶体的各向异性

在晶格中由一系列原子中心所组成的平面称为晶面，如图 2-6 所示，任意两个原子中心之间的连线所指的方向称为晶向，如图 2-7 所示。即使在相同的晶格类型中，由于不同晶面和晶向上原子的排列情况不同，原子和原子之间的距离不一样，因此，原子之间的结合力也不一样，这就导致晶体在不同晶向上的物理、化学、力学等性能都不相同，这种现象就是晶体的各向异性。

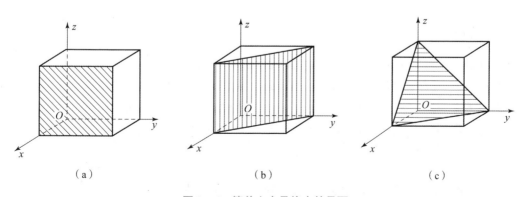

（a）　　　　　　　　　　（b）　　　　　　　　　　（c）

**图 2-6　简单立方晶格中的晶面**

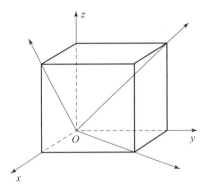

图 2-7　简单立方晶格中的晶向

晶体的各向异性表现在很多方面，如弹性模量、屈服强度、抗拉强度、电阻率、磁性、热膨胀系数，以及在酸中的溶解速度等。但是在工业用金属材料中，很少见到金属的各向异性特征，反而表现出各向同性的特征，这是因为上述说的是晶体结构中的理想情况，即一个晶体内部晶格位向（即原子排列的方向）完全一致的晶体，这种晶体称为单晶体，如图 2-8（a）所示。但金属实际的结构和单晶体相差很远，一般的固态金属中包含很多结晶颗粒，这些结晶颗粒称为晶粒，由两颗以上的晶粒所组成的晶体称为多晶体，如图 2-8（b）所示。多晶体中每个晶粒都是由大量位向相同的晶胞组成的，但晶粒与晶粒之间存在位向上的差异，从而掩盖了每个晶粒的各向异性，最终使多晶体显示出各向同性的特点。

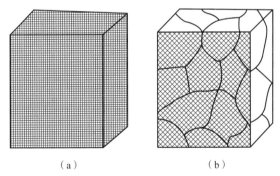

（a）　　　　　　　　　　（b）

图 2-8　单晶体和多晶体结构示意图
（a）单晶体；（b）多晶体

## 四、实际金属的晶体结构

实际的金属材料通常是多晶体，由多个晶粒组成，在每个晶粒的内部，晶格位向是均匀一致的，但不同的晶粒之间，晶格位向不同。通常晶粒与晶粒之间的界面称为晶界，晶界处的原子要适应不同晶粒的晶格位向，因此晶界处的原子排列是不规则的。其实除了晶界处的原子排列不规则，在每个晶粒的内部，原子的排列也并不一定是完全理想的状态，一个晶粒内部的晶格位向也可能存在微小的差别。这种原子偏离规则排列的不完整区域称为晶体缺陷。按照缺陷的几何形态特点，晶体缺陷分为点缺陷（空位、间隙原子、置换原子）、线缺陷（刃型位错、螺型位错）和面缺陷（晶界、亚晶界）。

### 1. 点缺陷

点缺陷是指缺陷在三维空间长、宽、高方向上尺寸都很小的一种缺陷，常见的点缺陷有三种，即空位、间隙原子和置换原子，如图 2-9 所示。一些原子挣脱了周围原子的束缚迁移到别处，该原子原来的位置就会留下一个空结点，这就是空位；间隙原子即处于晶格间隙中的原子，可以是同类原子，也可以是异类原子；占据原来基体原子晶格位置上的异类原子称为置换原子。

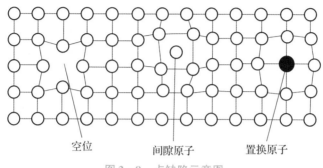

空位 间隙原子 置换原子

图 2-9 点缺陷示意图

不管是哪种点缺陷，都会使该缺陷附近的原子发生一定的位置偏移，造成几个原子间距范围的弹性畸变，即晶格畸变。晶格畸变对金属的物理、化学等性能都会造成一定程度的影响。

### 2. 线缺陷

线缺陷是指缺陷在三维空间长、宽、高方向上，其中一个方向上的尺寸很大、其余两个方向上的尺寸很小的一种缺陷。晶体中的线缺陷即位错，位错的类型有很多种，最常见的是刃型位错和螺型位错，如图 2-10 所示。刃型位错可以描述为晶体内多余半原子面的刃口，好像一片刀刃切入晶体，中止在晶体内部。沿着半原子面的刃边线 $EF$ 附近，晶格发生很大的畸变称为一条刃型位错，晶格畸变中心的连线 $EF$ 称为刃型位错线。螺型位错是一个晶体的某一部分相对于其余部分发生滑移，原子平面沿着一根轴线盘旋上升，每绕轴线一周，原子面上升一个晶面间距，在中央轴线处即为一螺型位错。螺型位错与刃型位错不同，它没有额外半原子面。

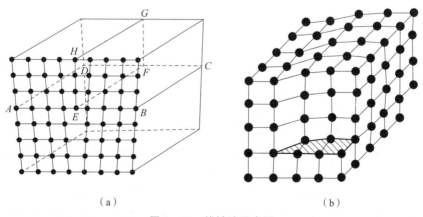

（a）　　　　　　　　　　　（b）

图 2-10 线缺陷示意图

（a）刃型位错；（b）螺型位错

### 3. 面缺陷

面缺陷是指缺陷在三维空间长、宽、高方向上，两个方向上的尺寸很大、第三个方向上尺寸很小的一种缺陷。晶体中的面缺陷主要是指晶界和亚晶界，如图 2 – 11 所示。在多晶体材料中有许多晶粒，在任意一个晶粒内，所有原子都是按同一方位和方式排列的。但在相邻两晶粒中其原子排列方位不同，因此，在两个相邻的晶粒之间存在一个过渡区，称为晶界。虽然晶界可能是曲面，但实际上晶界只有几个原子间距的厚度，因此可以认为它是二维的，是面缺陷的一种。

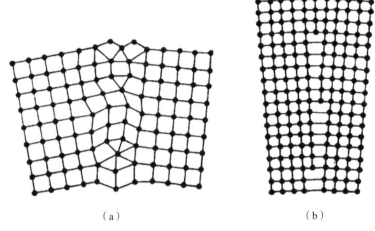

（a）　　　　　　　　　　　　　（b）

图 2 – 11　面缺陷示意图

（a）晶界；（b）亚晶界

在多晶体的每个晶粒内，晶格位向也并非完全一致，而是存在着许多尺寸很小、位向差也很小（一般是几十分到几度）的小晶块，它们相互嵌镶形成晶粒。这些小晶块称为亚结构。在亚结构内部，原子排列位向一致。两相邻亚结构间的边界称为亚晶界。

综上所述，由于实际金属的晶体结构中存在晶体缺陷，晶体缺陷会造成缺陷部位的原子及周边区域晶格畸变，因此，将导致实际金属的物理、化学、力学等性能发生较大的变化。

## 五、合金的组织结构

### 1. 合金的基本概念

由于纯金属具有较高的导电性、导热性、塑性、化学稳定性及好看的金属光泽，因此，其应用比较广泛。但是由于纯金属的强度、硬度不高，耐磨性较差，已经不能满足人们日益增长的需求，因此，在工业应用中受到限制。

人们一直在不断探索如何生产和使用性能更好的材料，如合金。合金是指将一种金属元素与一种或几种其他元素通过烧结、熔炼等方式结合在一起，形成具有金属特征的新物质。通过改变合金中不同成分的比例，可以得到性能不同的合金。

组元是组成合金最基本的、独立的物质。根据合金中组元数目的多少，可以将合金分为二元合金、三元合金、多元合金。例如，钢、铁就是最常见的由铁和碳组成的二元合金。

相是指合金中具有相同化学成分、相同结构和相同物理性能，并以明显的界面分开的组成部分。例如，碳钢在平衡状态下是由铁素体和渗碳体两个相组成的。

组织是指通过观察金相看到的，由形态、尺寸和分布方式不同的一种或多种相构成的总体，以及各种材料的缺陷和损伤。合金的性质取决于组织，而组织的性质又取决于合金中相的性质。因此，有必要学习合金中相的结构和性质。

### 2. 合金的相结构

不同的相具有不同的晶体结构，根据相的晶体结构特点，可以将相结构分为固溶体和金属化合物两大类。

（1）固溶体。固态下合金中的组元之间相互溶解形成的均匀相称为固溶体。在固溶体中晶格保持不变的组元称为溶剂，其他组元称为溶质。

根据固溶体溶质和溶剂的定义可知，固溶体的晶格与溶剂的晶格相同，再根据溶质原子在晶格中的位置，可以把固溶体分为置换固溶体和间隙固溶体，如图 2-12 所示。

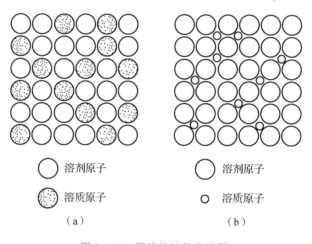

　　　　　○　溶剂原子　　　　　　　　　○　溶剂原子

　　　　　●　溶质原子　　　　　　　　　○　溶质原子

　　　　　　（a）　　　　　　　　　　　　　（b）

图 2-12　固溶体结构示意图

（a）置换固溶体；（b）间隙固溶体

置换固溶体，顾名思义就是溶质原子取代了部分溶剂原子的位置。当合金中的溶剂原子半径与溶质原子半径相差不大时，更容易形成置换固溶体。溶质在溶剂中的溶解度通常是有限的，具有有限溶解度的固溶体称为有限固溶体。如果形成的固溶体组元之间能够无限互溶，则这种固溶体称为无限固溶体。

如果溶质原子没有取代溶剂原子的位置，而是嵌入溶剂原子之间的间隙中，则这种固溶体称为间隙固溶体。受限于溶剂原子的间隙尺寸和数量，间隙固溶体只能是有限固溶体。通常只有半径比较小的溶质原子才能嵌入溶剂原子间隙中，并且随着溶质原子的溶入，溶剂原子的晶格发生畸变，嵌入的溶质原子数量越多，就会造成越大的晶格畸变，溶剂晶格将变得越发不稳定。

无论是置换固溶体还是间隙固溶体，都会破坏原来原子的规则排列，使晶格发生畸变，如图 2-13 所示。随着溶质原子增多，晶格畸变也增大，晶格畸变导致合金抵抗形变的抗力增加，使合金的强度、硬度提高。这种通过融入某种元素形成固溶体而使金属的强度、硬度提高的现象称为固溶强化。固溶强化是提高金属材料性能的常用途径之一。

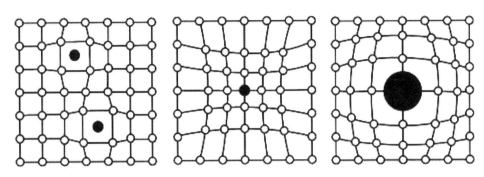

图 2 - 13　固溶体的晶格畸变

（2）金属化合物。金属化合物是指当合金中溶质含量超过溶剂的溶解度时，合金中各组元间发生相互作用，形成的一种具有金属特性的新相，又称中间相。金属化合物通常可以用化学式来表示，它的晶格类型和性能不同于其他任一组成元素，一般具有复杂的晶格结构、较高的熔点和硬度。当合金中出现一定的金属化合物时，通常会提高金属的强度、硬度和耐磨性，降低塑性和韧性，因此，可以用金属化合物来强化合金。因为金属化合物通常是弥散分布状态，所以，这种强化方式又称弥散强化或第二相质点强化。

纯金属、固溶体和金属化合物是组成合金的基本相，由这些基本相按照固定比例构成的组织称为机械混合物。实际生产中使用的合金通常由机械混合物组成。机械混合物中各个相各自保持自己的晶体结构和性能，所以机械混合物的性能取决于各组成相的性能及各组成相的数量、大小、形状和分布状态等。

**想一想**

本模块"案例导入"引出了晶体这个概念。学习本模块的内容后，能够明白金属的晶体结构及常见金属的晶格类型。在实际应用的金属材料中，原子的排列不像理想晶体那样规则和完整，往往存在晶体缺陷，这些缺陷的产生和发展、运动与交互作用，在晶体的强度、塑性、扩散及其他的结构敏感性的问题中扮演了重要角色。

## 拓 展 阅 读

自然界中最轻的金属是锂，每立方厘米的质量只有 0.543 g，扔在水里会漂浮，如果用锂做一架飞机，那么两个人就能抬着走。锂有漂亮的银白色光泽、个性活泼、有很强的化学反应能力，在工业生产和日常生活中用途很广。

自然界中最重的金属是锇，它存在于锇铱矿中，是一种灰蓝色金属，硬而脆，每立方厘米的质量重达 22.48 g，为同体积锂的 41.4 倍。锇铱合金可制作成金笔的笔尖，也可制作成钟表或贵重仪器的轴承，十分耐磨。

熔点最低、质地最软的固体金属是铯。它在 28.5 ℃ 时开始熔化。如果把铯放在手里，那么它很快就会化成液体。铯比石蜡还软，可以随意切成各种形状。铯的光电效应能力特别好，能使光信号变成电信号，是制造光电管的主要感光材料。电影、电视、无线电传真都离不开铯，所以，铯获得"光敏金属""带眼睛金属"等称号。

素有"硬骨头"美称的铬是自然界最硬的金属。铬呈银白色，化学性质稳定，在水和空气中基本不生锈。铬的主要用途是制造合金，炼制不锈钢。不锈钢的问世，被公认为20世纪最伟大的技术发明之一，具有划时代的意义。它不仅推动了医疗、仪表和国防工业的发展，而且也在食品加工、纺织印染、制烟、酿酒行业中大显身手，屡立战功。

## 【创新思考】

（1）请说出你在生产和生活中熟悉的金属材料。

（2）你还知道哪些"金属之最"？

# 学习模块二　金属的结晶

## 【案例导入】

从2002年开始，东风汽车集团有限公司开始推广超细晶粒钢的应用，目前超细晶粒钢在卡车横梁和汽车底盘加强梁上已有比较广泛的应用。为什么在对材料力学性能要求高的地方使用超细或细晶粒钢呢？如何在金属凝固的过程中控制晶粒的大小呢？通过下面的学习来解答这些疑惑吧。

## 【知识内容】

一切物质从液态到固态的转变过程统称凝固，如果通过凝固形成晶体结构，则称为结晶。金属的熔炼、铸造、焊接都要经历由液态转变为固态的过程，并且凝固后的固态金属通常是晶体，所以，将这一转变称为金属的结晶。下面将先介绍一下纯金属的结晶。

### 一、纯金属的结晶

#### 1. 过冷现象

纯金属的结晶有一个平衡结晶温度，高于此平衡温度金属即发生熔化，低于此温度金属便开始凝固，在该平衡结晶温度时，固体和液体同时共存。

由于金属不透明，不方便直接观察金属的结晶过程，因此，采用图2-14所示的实验装置，利用热分析法来研究金属的结晶规律。先将纯金属放入坩埚中，加热熔化成液态，用热电偶测量温度，再让液态金属缓慢均匀地冷却，用 $x$—$y$ 记录仪将冷却过程中温度与时间的关系记录下来，并将温度 $T$ 和时间 $t$ 绘制成 $T$—$t$ 冷却曲线，如图2-15所示。

如图2-15（a）所示，纯金属的冷却曲线上有一个水平台阶，这个台阶对应的温度就是该金属的实际结晶温度 $T_n$。在平衡条件下，即无限缓慢冷却条件下获得的结晶温度是理论结晶温度 $T_0$。从图2-15（b）中可以看出 $T_n < T_0$，即金属的实际结晶温度总是低于其理论结晶温度，这种现象称为过冷。理论结晶温度减去实际结晶温度的差值称为过冷度，过冷度 $\Delta T = T_0 - T_n$。从图2-15（b）中还可以看出，金属的冷却速率越快，实际结晶温度 $T_n$ 越小，理论结晶温度与实际结晶温度的差值越大，即过冷度越大。

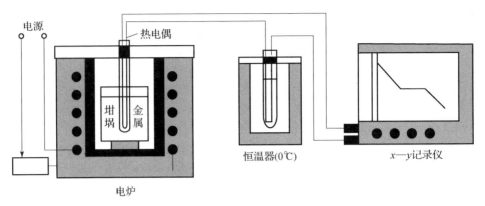

图 2 – 14　热分析实验装置示意图

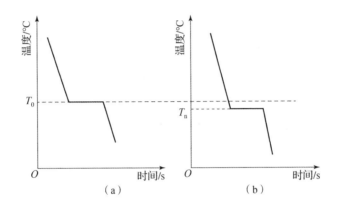

图 2 – 15　纯金属的冷却曲线

（a）平稳条件下的冷却曲线；（b）金属在不同冷却速率下的冷却曲线

**2. 纯金属的结晶条件**

纯金属的冷却曲线有一个水平台阶，这个台阶对应的时间就是金属从液态到固态的凝固过程所需要的时间。

在过冷的条件下，即 $T_n < T_0$ 时，固相自由能低于液相自由能，金属物质自发地从液相转变为固相，这是结晶需要的能量条件。

在液态金属内部微小范围内存在很多规则排列的原子集团，但在大范围内又是无序的，这称为近程有序。这些液态金属中近程有序规则排列的原子集团瞬间出现又瞬间消失，一直处于不断的变化之中，这种不断变化着的近程有序原子集团称为结构起伏或相起伏。在过冷的液态金属中出现的尺寸较大的结构起伏是形成结晶核心的基础。因此，过冷液体中的结构起伏是结晶核心的"胚芽"，又称晶坯。结构起伏是结晶需要的结构条件。

当液态金属凝固成固态后，金属晶体内部原子在大范围的排列都是规律的，这称为远程有序，所以金属从液态到固态的结晶过程就是从近程有序到远程有序的过程。

在满足结晶所需要的能量条件和结构条件后，还要再满足一定的形核条件，晶坯才能转变成晶核。

**3. 纯金属的结晶过程**

结晶的过程分为形核和晶核长大两个过程，如图 2 – 16 所示。

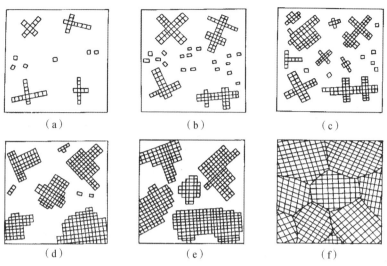

图 2－16　纯金属的结晶过程

（1）形核。形核通常有两种方式，一种是自发形核，又称均匀形核；一种是非自发形核，又称非均匀形核。

自发形核是指以过冷状态下的液态金属中存在的以结构起伏为基础的形核；非自发形核是指依附于过冷液态金属中某些杂质质点表面形核。由于实际液态金属不会绝对纯净，并且液态金属不可避免地与型腔壁接触，晶坯往往依附于杂质或型腔壁上形成晶核，所以，实际金属的形核大多是非自发形核。

（2）晶核长大。稳定的晶核形成之后，就快速进入到长大阶段。液相中的原子逐渐向晶核表面扩散迁移，并按照一定的规律进行规则排列，同时不断有新的晶核逐渐产生并长大，直至所有金属液体转变为固体，完成结晶过程。每个晶核最终都会成为一颗晶粒，同一个晶粒内的原子排列位向一致。

4. 晶粒大小的控制

除非单独制作，实际应用的金属材料一般都是多晶体材料。晶粒的大小叫做晶粒度，可以用单位面积的晶粒数目或晶粒的平均直径来表示。金属晶粒的大小对金属的力学性能有很大的影响。在常温下工作的金属零件，往往晶粒越细小，其强度、硬度越高、塑性、韧性越好。通过细化晶粒来提高材料强度的方法我们称之为细晶强化。晶粒大小对纯铁力学性能的影响见表 2－1。

表 2－1　晶粒大小对纯铁力学性能的影响

| 晶粒平均直径/mm | 抗拉强度/MPa | 屈服强度/MPa | 延伸率/% |
| --- | --- | --- | --- |
| 9.7 | 165 | 40 | 28.8 |
| 7.0 | 180 | 38 | 30.6 |
| 2.5 | 211 | 44 | 39.5 |
| 0.20 | 263 | 57 | 48.8 |

续表

| 晶粒平均直径/mm | 抗拉强度/MPa | 屈服强度/MPa | 延伸率/% |
| --- | --- | --- | --- |
| 0.16 | 264 | 65 | 50.7 |
| 0.10 | 278 | 116 | 50.0 |

晶粒的大小和金属的结晶过程直接相关，结晶的过程分为形核和长大，所有晶粒的大小都与形核数目和晶核长大速度有关。若想获得较小的晶粒，则需要增加形核数目，减小晶核长大速度。因此，在实际生产中可以用以下方法获得较小的晶粒。

（1）增加过冷度。形核率是单位时间内单位体积液体中形成晶核的数量，单位为晶核数/$(mm^3 \cdot s)$（即在每立方毫米体积内每秒所产生的晶核数目），以符号 $N$ 表示。晶核长大速度是单位时间内晶核生长的线长度，单位为 mm/s，以符号 $G$ 表示。形核率 $N$ 和晶核长大速度 $G$ 都与过冷度有关，如图 2－17 所示。实际生产中，在一般金属结晶的过冷范围内，形核率 $N$ 和晶核长大速度 $G$ 都随着过冷度 $\Delta T$ 的增大而增大，但形核率 $N$ 比晶核长大速度 $G$ 增大的速率更快，因此比值 $N/G$ 随着过冷度的增大而增大，即单位体积内晶粒的数目就越多，晶粒越细。由此可看出增加过冷度可以起到细化晶粒的作用。

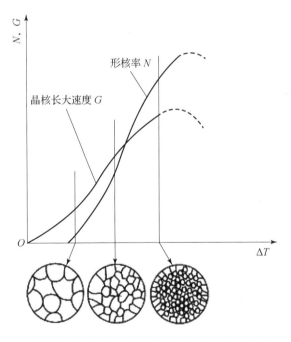

图 2－17　金属结晶时形核率 $N$ 和晶核长大速度 $G$ 与过冷度 $\Delta T$ 的关系

小型铸件的晶粒通常比大型铸件的晶粒细小；同一个铸件中，和型腔壁接触的表面比冷却缓慢的中心部位晶粒细小；金属型或石墨型铸造得到的铸件比砂型铸造得到的铸件晶粒细小，理论依据都是过冷度大的地方得到晶粒更加细小。

（2）变质处理。变质处理是指在浇注之前往液态金属中加入少量的变质剂，促进液态金属中形成大量的非均匀晶核，以此来细化晶粒的方法。

在工业生产中变质处理运用广泛。对尺寸较大的铸件采用增大过冷度来细化晶粒的操作比较困难，而采用变质处理就可以有效达到细化晶粒的效果。例如，在铝合金液体中加入碳化钒、碳化钛、碳化钼等变质剂，在钢液中加入钛、铝等变质剂，均可细化晶粒。

还有一类变质剂，它不是靠促进形成晶核来实现晶粒细化，而是靠阻止晶粒长大来实现晶粒细化，这种变质剂又称长大抑制剂。

（3）附加振动。在实际生产中，还可以使用附加振动的方法达到晶粒细化的效果。例如，对还未凝固的金属液体施加机械振动、电磁振动、超声波振动等，把已经形成的晶粒打碎，以增加晶核数目，起到细化晶粒的效果。

### 5. 金属的同素异构转变

大多数金属在结晶后不会再发生晶体结构的变化，但对于铁、钴、钛、锰、锡等少数金属，在固态下随着温度的变化，金属的晶体结构也会发生变化。在固态下，金属随着温度的变化由一种晶格转变为另一种晶格的现象称为金属的同素异构转变或同素异晶转变。

如图 2-18 所示，液态纯铁在 1 538 ℃时完成结晶过程，结晶出具有体心立方结构的 δ-Fe；当温度继续降低到 1 394 ℃时，固态金属的晶体结构发生变化，体心立方结构的 δ-Fe 转变为面心立方结构的 γ-Fe；当温度继续降低到 912 ℃时，面心立方结构的 γ-Fe 又转变为无磁性的具有体心立方结构的 α-Fe；当温度继续下降，不会再发生晶体结构的变化，只是在 770 ℃时 α-Fe 由无磁性转变为有磁性。所以纯铁有 δ-Fe、γ-Fe 和 α-Fe 三种同素异构形式。金属的同素异构转变又称重结晶，相当于金属在固态状态下再次发生结晶。

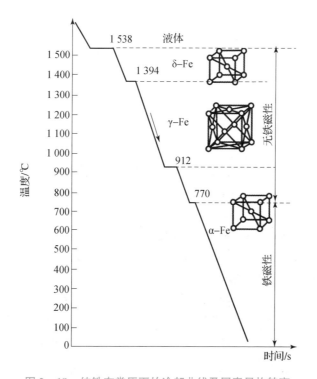

图 2-18　纯铁在常压下的冷却曲线及同素异构转变

在实际生产中，金属的同素异构转变有着非常重要的意义。对于具有同素异构转变的金属，意味着可以在固态下通过加热或冷却使金属发生重结晶来改变金属的组织和性能。纯铁的同素异构转变是后续学习钢的热处理的基础。

## 二、合金的结晶

工业中使用最广泛的是合金，但是合金的结晶过程比纯金属的结晶过程复杂。为了研究合金的性能与其化学成分、组织的关系，通常借助合金相图这个有效工具。

合金相图是表示合金体系中合金状态与其温度、成分之间关系的图形。相图能够表示合金中不同成分的合金在不同温度下存在的相、相的成分及其相对含量。相图是进行金相分析、制定热加工工艺的重要依据。由于相图是在极缓慢冷却接近平衡条件下测绘的，因此又称平衡图。测定二元合金相图的方法有热分析法、X 射线晶体结构分析法、热膨胀法、硬度法、金相分析法和电阻法等。一个合金相图的测绘，往往需要几种方法配合使用才能使相图更加精确。

二元合金相图的类型很多，比较典型的有匀晶相图、共晶相图和包晶相图。Cu—Ni、Fe—Ni 等属于匀晶相图，Pb—Sn、Al—Si 等属于共晶相图，Ag—Sn、Pt—Ag 等属于包晶相图。工业中应用最广泛的金属材料钢和铸铁是铁碳合金，学习单元三中将详细介绍铁碳合金结晶过程及铁碳相图。

> **想一想**
>
> 本模块的"案例导入"中，提出了"为什么在对材料力学性能要求高的地方使用超细或细晶粒钢呢"的问题。这是因为在常温下，金属晶粒越细小，材料的强度、硬度、塑性和韧性就越好。在金属凝固的过程中控制晶粒大小的方法通常有增加过冷度，在浇注前往液态金属中加入少量变质剂进行变质处理，在实际生产中附加振动等。

## 拓 展 阅 读

"钢铁科学与技术的集大成者""中国电子显微镜事业的先驱""中国冶金史研究的开拓者""我国金属物理专业的奠基人"……这些荣誉和称号，都属于同一个人——柯俊。

20 世纪中期，柯俊首次提出钢中贝茵体转变的切变位移机制，证明其是与珠光体、马氏体不同的相变，后来在国际上形成了关于贝茵体相变的"切变学派"，他被国际同行尊称为"贝茵体先生"。

2017 年 8 月 8 日，柯俊在北京市逝世。同年 8 月 15 日，柯俊院士遗体告别仪式在北京市八宝山殡仪馆举行。"理学工学史学求实鼎新学贯中西百年科技强国梦，天文地文人文察宏探微文通古今一代宗师赤子心"，八宝山东礼堂正门外悬挂着的挽联，是对先生一生的礼赞。

**【创新思考】**

（1）你见过金属结晶的过程吗？

（2）钢的晶粒度测量方法有哪些？

（3）超细晶粒钢的应用及发展前景如何？

## 综合训练

### 一、名词解释

1. 晶体。

2. 晶格。

3. 晶胞。

4. 过冷现象。

5. 过冷度。

6. 同素异构转变。

7. 细晶强化。

8. 变质处理。

### 二、填空题

1. 常见的 3 种金属晶格类型有_____、_____和_____。

2. 金属结晶时晶粒的大小与_____和_____有关。

3. 常用细化晶粒的方法有_____、_____和_____。

4. 对于金属来说，除了可以采用热处理强化提高其性能，还可以采用_____强化和_____强化提高其性能。

5. 实际金属晶体多为_____晶体，其力学性能在不同方向上表现出_____。

6. 实际金属晶体中存在大量的晶体缺陷，按其形态分，主要有_____、_____和_____。

7. 金属的结晶过程包括_____和_____。

8. 根据溶质原子在溶剂中所占位置的不同，固溶体可分为_____和_____两种。

### 三、选择题

1. 晶胞原子数目为 4 个的是_____。

A. 复杂斜方晶格　　　　　　　　B. 密排六方晶格

C. 体心立方晶格　　　　　　　　D. 面心立方晶格

2. 铁由面心立方晶格变为体心立方晶格时，将伴随有体积的_____。

A. 缩小　　　　　　　　　　　　B. 不变

C. 先变小后变大　　　　　　　　D. 膨胀

3. 金属的晶粒越细，晶界总面积越大，金属的强度_____。

A. 越低　　　　　　　　　　　　B. 不变

C. 越高　　　　　　　　　　　　D. 没有规律的变化

4. 结晶时的过冷现象是金属的实际结晶温度比理论结晶温度_____。

A. 低　　　　　　　　　　　　　B. 没有规律

C. 高                                              D. 相等

5. 金属材料结晶的必要条件是_____。

A. 过热                                           B. 过冷

C. 温度相同                                       D. 既不过热也不过冷

6. 影响晶核形成和长大速率的因素为_____。

A. 未溶杂质                                       B. 过冷度和未溶杂质

C. 过热度和未溶杂质                               D. 过冷度

7. 对钢和铸铁进行热处理，以改变其组织和性能原因是_____。

A. 能同素异构转变                                 B. 其他转变

C. 匀晶转变                                       D. 不能同素异构转变

8. 相图是通过材料在平衡条件下所测得的实验数据建立的，平衡条件是指_____。

A. 极其缓慢冷却

B. 极其快速冷却

C. 极其快速加热

D. 冷却和加热速度相等

9. α – Fe 是具有_____的铁。

A. 复杂斜方晶格                                   B. 密排六方晶格

C. 体心立方晶格                                   D. 面心立方晶格

## 四、判断题

1. 金属结晶时，过冷度越大，结晶后晶粒越粗。                          （    ）

2. 一般情况下，金属的晶粒越细，其力学性能越差。                      （    ）

3. 多晶体中，各晶粒的晶格位向是完全相同的。                          （    ）

4. 单晶体具有各向异性的特点。                                        （    ）

5. 金属的同素异构转变是在恒温下进行的。                              （    ）

6. 钢水浇铸前加入钛、硼、铝等会增加金属结晶核，从而细化晶粒。          （    ）

7. 结晶是指金属从高温液态状态冷却凝固为固体状态的过程。                （    ）

8. 纯金属的结晶过程是在恒温下进行的。                                （    ）

9. 晶胞是从晶格中任意截取的一个小单元。                              （    ）

10. 纯铁只可能是体心立方结构，而铜只可能是面心立方结构。              （    ）

## 五、简答题

1. 常见的金属晶格类型有哪几种？

2. 铁有哪几种同素异构形式？

3. 晶体缺陷有哪几种？

4. 试述纯金属的结晶过程。

5. 什么是过冷现象和过冷度？过冷度与冷却速度有什么关系？

6. 试述晶粒大小与力学性能的关系。

7. 试归纳金属的强化措施。

8. 金属的同素异构转变与金属的结晶有什么异同之处？

## 任务评价

任务评价见表 2 - 2。

表 2 - 2　任务评价表

| 评价目标 | 评价内容 | 完成情况 | 得分 |
|---|---|---|---|
| 素养目标 | 激发学生的学习欲望，具备知其然又知其所以然的态度 | | |
| | 培养学生的科学思维、理性思维及辩证思维 | | |
| | 培养学生追求学无止境、精益求精的工匠精神 | | |
| 技能目标 | 具有判断金属所属晶格类型的能力 | | |
| | 具有分析纯金属结晶过程的能力 | | |
| | 具有控制晶粒大小的能力 | | |
| 知识目标 | 掌握金属材料 3 种典型的晶格类型 | | |
| | 了解常见晶体缺陷的分类 | | |
| | 掌握合金的相结构分类 | | |
| | 掌握纯金属的结晶过程 | | |
| | 理解晶粒大小与力学性能的关系，并熟悉控制晶粒大小的方法 | | |

# 学习单元三 铁碳合金

**引导语**

　　铁碳合金是指以铁和碳为主要元素组成的合金，是工程中应用最为广泛的金属材料。铁碳相图是在平衡状态下（缓慢冷却或加热），不同成分的铁碳合金，在不同温度下具有的组织状态的图形。它反映了铁碳合金成分、温度和组织三者之间的变化规律。

　　通过学习铁碳相图，可以了解钢铁材料的微观组织、性能，它是钢铁材料选材的依据，也是钢铁材料热处理加工工艺的基础。

**知识图谱**

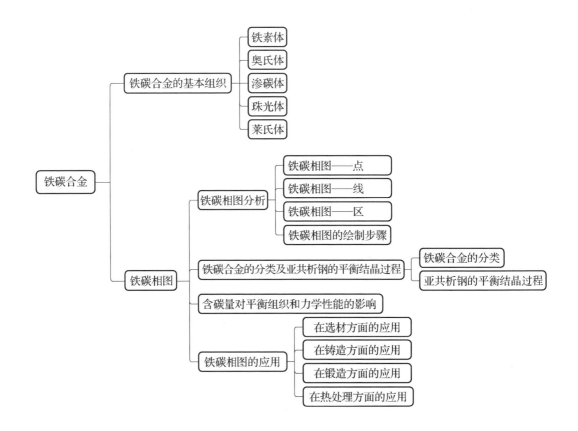

**学习目标**

知识目标

（1）了解铁碳合金成分、组织、性能三者之间的关系。

（2）掌握铁碳相图的含义及应用。

技能目标

（1）能够绘制简化的铁碳相图。

（2）能够利用铁碳相图对一些典型的铁碳合金进行分析。

素养目标

（1）培养学生坚持科技强国的理念。

（2）培养学生的创新精神，激发学生的求知欲。

（3）培养学生分析问题与解决问题的能力。

## 学习模块一　铁碳合金的基本组织

**【案例导入】**

铁碳合金的基本组元是铁和碳，铁和碳之间的结合方式有哪些？不同的结合方式会形成哪些不同的组织？这些组织又有什么样的特点？本模块将学习铁碳合金的基本组织。

**【知识内容】**

铁碳合金的基本组元是铁和碳，它们的结合方式有两种：一种是碳溶于铁的晶格间隙中形成间隙固溶体，另一种是碳与铁形成金属化合物。铁碳合金在固态下的基本组织有铁素体（F）、奥氏体（A）、渗碳体（$Fe_3C$）、珠光体（P）和莱氏体（Ld 或 L'd），其中，铁素体和奥氏体为固溶体，渗碳体是金属化合物，珠光体和莱氏体为机械混合物。

### 一、铁素体

铁素体是碳溶于体心立方晶格 $\alpha-Fe$ 的间隙固溶体，用字母 F 表示。铁素体的晶格仍为体心立方晶格，其显微组织如图 3-1 所示。体心立方晶格虽然是疏排结构，但是它的晶格间隙直径小，碳在 $\alpha-Fe$ 中的溶解度很低，固溶强化效果小。727 ℃时，碳在 $\alpha-Fe$ 中的溶解度达到最大值 0.021 8%，随着温度的降低，溶解度也随之降低，室温时溶解度为 0.000 8%，几乎为零。因此，室温下铁素体的力学性能与纯铁相近，强度和硬度低（$R_m=180\sim280$ MPa，布氏硬度为 $50\sim80$ HBW），而塑性和韧性好（$A_{11.3}=30\%\sim50\%$，$K_U=128\sim160$ J）。此外，770 ℃为铁素体的磁性转变点，温度小于 770 ℃时铁素体具有磁性，而温度大于 770 ℃时铁素体没有磁性。

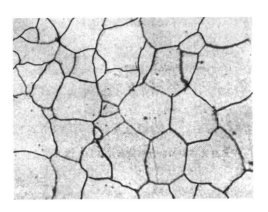

图 3 - 1　铁素体的显微组织

## 二、奥氏体

奥氏体是碳溶于面心立方晶格 γ - Fe 的间隙固溶体，用字母 A 表示。奥氏体的晶格仍为面心立方晶格，其显微组织如图 3 - 2 所示。面心立方晶格虽然是密排结构，但是它的晶格间隙直径比体心立方晶格间隙直径大，所以碳在 γ - Fe 中的溶解度比在 α - Fe 中的溶解度高，固溶强化效果比铁素体的固溶效果强。1 148 ℃时，碳在 γ - Fe 中的溶解度达到最大值 2.11%，随着温度的降低，溶解度也随之降低，727 ℃时溶解度为 0.77%。

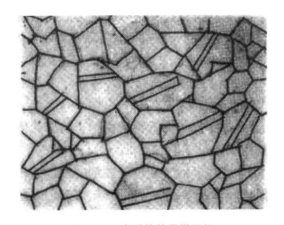

图 3 - 2　奥氏体的显微组织

奥氏体是一种重要的高温相，具有一定的强度和硬度（$R_m = 400$ MPa，布氏硬度为 160 ~ 220 HBW），塑性好（$A_{11.3} = 40\% ~ 50\%$），冷却至 727 ℃时将发生组织转变。在机械零件的制造中，常将铁碳合金加热到奥氏体温度范围内进行锻造。

## 三、渗碳体

渗碳体是铁和碳形成的金属化合物，用分子式 $Fe_3C$ 表示。它的晶体形式与碳和铁都不同，是一种复杂的晶体结构，如图 3 - 3 所示。

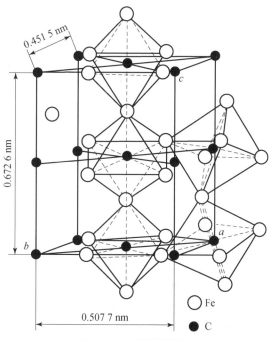

图 3 – 3　渗碳体晶胞

渗碳体中的含碳量为 6.69%，熔点为 1 227 ℃，不发生同素异构转变。渗碳体的硬度高、脆性高，但塑性和韧性极差。铁碳合金中渗碳体常以片状、网状、球状、板条状等形态与其他相共存，其形态、大小、数量及分布对铁碳合金性能具有较大的影响。当渗碳体数量适中，且以细小、均匀的形态分布时，可作为钢的强化相；当渗碳体数量过多，且以粗大、不均匀的形态分布时，会使铁碳合金的韧性降低、脆性增大。

## 四、珠光体

珠光体是铁素体和渗碳体的机械混合物，是多相组织，用字母 P 表示。因为珠光体是由软的铁素体和硬的渗碳体组成，所以它的力学性能介于两者之间，具有一定的强度、塑性和韧性，硬度适中，属于综合性能较好的组织。

珠光体的含碳量为 0.77%，是高温相奥氏体降温至 727 ℃时发生共析转变形成的组织。它的显微组织为片状的渗碳体分布在铁素体基体上，呈层片状交替，如图 3 – 4 所示。

图 3 – 4　珠光体的显微组织

### 五、莱氏体

莱氏体是奥氏体和渗碳体的机械混合物，含碳量为 4.3%，也是多相组织。存在温度为 727~1 148 ℃的莱氏体称为高温莱氏体，用字母 Ld 表示。含碳量大于 2.11% 的铁碳合金冷却到 1 148 ℃时会发生共晶反应，从液相中结晶出高温莱氏体（奥氏体和渗碳体的机械混合物）。当温度降到 727 ℃以下，高温莱氏体中的奥氏体发生共析反应转变为珠光体组织，即室温下的莱氏体为珠光体和渗碳体的机械混合物，为了与高温莱氏体区别，常将 727 ℃以下的莱氏体称为低温莱氏体，用字母 L′d 表示。

莱氏体的显微组织是渗碳体的基体上分布着粒状的奥氏体或珠光体，如图 3-5 所示。其力学性能与渗碳体类似，硬度高、塑性和韧性差，不能进行压力加工。

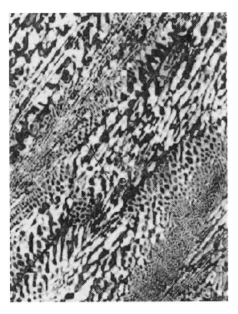

图 3-5  莱氏体的显微组织

## 拓展阅读

在人类的"童年"时期，人们主要依靠经验冶炼钢铁，因为此时人们并无化学元素、成分的相关知识，更遑谈对铁－碳体系的理解。自近代以来，严谨的科学研究被引入到各个工业领域，钢铁在化学上的本质才逐渐为人们所熟知。

18 世纪时期，瑞典是欧洲主要的产钢国家；发达的冶金学促进了与其相关的科学、工程研究的发展，一批著名的化学家也随之诞生。他们对于各类金属都有广泛的研究，而最为人们熟知的钢铁则是研究的重点内容。在此阶段，冶金学家 Rinman 根据锻铁、钢、铸铁的相对质量差异，推断它们含有不同比例的燃素；化学家 Torbern Bergman 于 1781 年进行了定量分析实验，进一步证明了钢、铸铁等的区别在于以石墨形式存在的碳含量不尽相同，间接指明了钢铁材料实际上只是铁－碳体系中的不同个例。这一时期，通过化学试剂腐蚀金属的湿法冶金也被引入化学研究中，推进了人们对金属组织的研究。

到 1863 年，英国科学家 H. C. Sorby（以他的名字命名索氏体）通过酸蚀金属表面、显微镜观察等手段，对钢铁的组织构成进行了详尽的研究。在显微镜下，他发现钢铁中的主要相包括自由铁，即铁素体；一种碳含量高的极硬化合物，即渗碳体（$Fe_3C$）；由两者构成的层片状/珠状组织，即珠光体；石墨；其他夹杂物。

可见，截至 1863 年，室温下的钢铁基本组织已经基本为人们所熟知。

## 【创新思考】

（1）在固态下，碳在铁碳合金中以什么形式存在？

（2）珠光体和莱氏体都是机械混合物，它们有什么不同？

# 学习模块二　铁碳相图

## 【案例导入】

铁碳合金在固态下的基本组织有铁素体 F、奥氏体 A、渗碳体 $Fe_3C$、珠光体 P 和莱氏体 Ld 或 L′d。不同化学成分的铁碳合金，在不同温度下具有不同类型的组织。本模块将学习的铁碳相图是描述铁碳合金成分、温度和组织三者之间的变化规律的图形。

## 【知识内容】

碳在铁碳合金中的存在方式有两种，一种是以渗碳体的形式存在，另一种是以石墨的形式存在，所以，铁碳相图有两种形式：$Fe—Fe_3C$ 相图和 $Fe—$石墨相图，本书只讲解 $Fe—Fe_3C$ 相图。

当碳的质量分数为 6.69% 时，铁和碳形成了较稳定的渗碳体 $Fe_3C$，可作为相图中一个独立的组元。此外，当碳的质量分数大于 6.69% 后，室温组织中脆硬相渗碳体 $Fe_3C$ 量过多，导致材料的脆性过大，无法使用。因此，通常研究的铁碳相图实际上研究的是含碳量为 0%~6.69% 的 $Fe—Fe_3C$ 相图，如图 3－6 所示。

### 一、铁碳相图分析

#### 1. 铁碳相图——点

铁碳相图中各个特性点都用相应的字母标注出来，它们都有特定的意义，这些字母是不能随意更换的。图 3－6 中各特性点的温度、含碳量及其含义列于表 3－1 中。

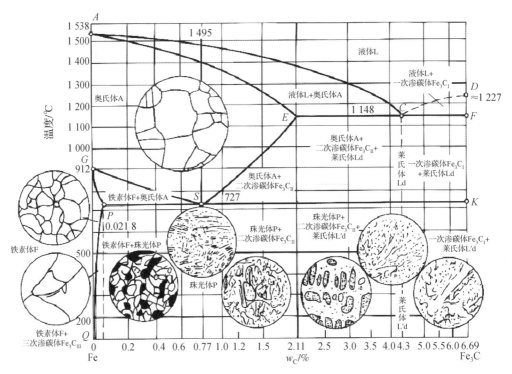

图 3 - 6    简化的铁碳相图

表 3 - 1    Fe—Fe₃C 相图中特性点的温度、含碳量及其含义

| 特性点的符号 | 温度/℃ | 含碳量/% | 含义 |
|---|---|---|---|
| A | 1 538 | 0 | 纯铁的熔点 |
| C | 1 148 | 4.3 | 共晶点、共晶反应 |
| D | 1 227 | 6.69 | 渗碳体的熔点 |
| E | 1 148 | 2.11 | 碳在奥氏体中的最大溶解度 |
| F | 1 148 | 6.69 | 共晶渗碳体的成分点 |
| G | 912 | 0 | 纯铁的同素异构转变点 |
| P | 727 | 0.021 8 | 碳在铁素体中的最大溶解度 |
| S | 727 | 0.77 | 共析点、共析反应 |
| K | 727 | 6.69 | 共析渗碳体的成分点 |
| Q | 室温 | 0.000 8 | 室温时碳在铁素体的溶解度 |

**2. 铁碳相图——线**

铁碳相图中的特性线是不同成分合金具有相同物理意义相交点的连接线，也是铁碳合金在缓慢加热或冷却时开始发生相变或相变结束的线。

（1）水平线（ECF 线和 PSK 线）。ECF 线为共晶线，温度降至 1 148 ℃时，含碳量为

4.3%的液相将发生共晶反应，液相转变为高温莱氏体 Ld。当温度降至 1 148 ℃时，含碳量在 2.11%~6.69%之间的铁碳合金，都会发生共晶转变。反应式为

$$L_{4.3} \xrightleftharpoons{1\,148\,℃} A_{2.11} + Fe_3C$$

$PSK$ 线为共析线，又称 $A_1$ 线。温度降至 727 ℃时，含碳量为 0.77%的奥氏体 A 将发生共析反应，奥氏体 A 转变为珠光体 P。当温度降至 727 ℃时，含碳量大于 0.021 8%的铁碳合金都会发生共析转变。反应式为

$$A_{0.77} \xrightleftharpoons{727\,℃} A_{2.11} + Fe_3C$$

（2）固相线与液相线（$ACD$ 线和 $AECF$ 线）。$ACD$ 线为液相线，铁碳合金在此线以上时处于液态 L。当铁碳合金缓慢冷却至液相线时，开始结晶。含碳量小于 4.3%的铁碳合金冷却至 $AC$ 线时，液相中开始结晶出奥氏体 A；含碳量大于 4.3%的铁碳合金冷却至 $CD$ 线时，液相中结晶出渗碳体。从液相中直接结晶出来的渗碳体称为一次渗碳体，用 $Fe_3C_I$ 表示。后面还会有二次渗碳体 $Fe_3C_{II}$ 和三次渗碳体 $Fe_3C_{III}$，它们没有本质的区别，只是来源及分布形态有所区别。

$AECF$ 线为固相线，铁碳合金在此线以下时液相全部结晶为固相，即铁碳合金呈固态。

（3）固溶度曲线（$ES$ 线和 $PQ$ 线）。随着温度的降低，固溶度不断减小，铁碳合金中的碳原子就会以渗碳体 $Fe_3C$ 的形式从原来的相中析出。

$ES$ 线是碳在奥氏体中的固溶度变化曲线，又称 $A_{cm}$ 线。由该线可知，1 148 ℃时碳在奥氏体 A 中的溶解度达到最大值 2.11%，而 727 ℃时碳在奥氏体 A 中的溶解度达到最小值 0.77%。从 1 148 ℃冷却至 727 ℃时，含碳量大于 0.77%的铁碳合金沿着奥氏体 A 的晶界将析出网状渗碳体，此渗碳体称为二次渗碳体 $Fe_3C_{II}$。

$PQ$ 线是碳在铁素体 F 中的固溶度变化曲线，碳在铁素体 F 中的溶解度很低。由该线可知，727 ℃时碳在铁素体 F 中的溶解度为 0.021 8%，而在室温时碳在铁素体 F 中的溶解度只有 0.000 8%。一般铁碳合金从 727 ℃冷却至室温时，都会沿着铁素体 F 的晶界析出渗碳体，此渗碳体称为三次渗碳体 $Fe_3C_{III}$。由于三次渗碳体 $Fe_3C_{III}$ 的量很少，对铁碳合金的力学性能影响较小，所以在讨论中经常忽略不计。

（4）同素异构转变曲线（$GS$ 线和 $GP$ 线）。$GS$ 线也称 $A_3$ 线。当温度冷却到 $GS$ 线时，含碳量小于 0.77%的铁碳合金将发生同素异构转变，面心立方晶格的奥氏体 γ-Fe 开始转变为体心立方晶格的铁素体 α-Fe。而当温度冷却至 $GP$ 线时，所有的奥氏体 A 全部转变成铁素体 F。

### 3. 铁碳相图——区

铁碳相图被特性线分割成许多区，有单相区、两相区和三相区。

单相区共有 4 个：液相线 $ACD$ 以上的液相 L 区、$AESGA$ 为奥氏体 A 单相区、$GPQG$ 为铁素体 F 单相区、$DFK$ 为渗碳体 $Fe_3C$ 单相区。

2 个单相区之间为两相区，共有 5 个两相区：$AECA$ 的液体 L + 奥氏体 A 两相区、$CDFC$ 的液体 L + 一次渗碳体 $Fe_3C_I$ 两相区、$GPSG$ 的铁素体 F + 奥氏体 A 两相区、$EFKSE$ 的奥氏体 A + 渗碳体 $Fe_3C$ 两相区和 $PSK$ 以下的铁素体 F + 渗碳体 $Fe_3C$ 两相区。由此可知，室温下的基本组织为铁素体 F 和渗碳体 $Fe_3C$。

三相区共有 2 个，分别在共晶线 $ECF$ 和共析线 $PSK$ 以下。$ECF$ 线以下是奥氏体 A +

渗碳体 $Fe_3C$ + 莱氏体 Ld 三相区，而 $PSK$ 线以下是珠光体 P + 渗碳体 $Fe_3C$ + 莱氏体 L'd 三相区。

4. 铁碳相图的绘制步骤

铁碳相图比较复杂，直接记忆比较困难。通过下面 4 个步骤可以较快地将铁碳相图的形状绘制出来，其绘制步骤如图 3 - 7 所示。

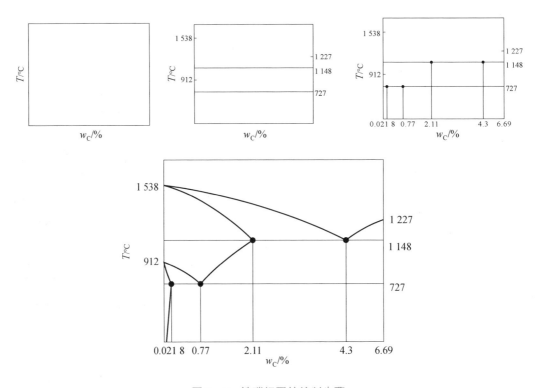

图 3 - 7 　铁碳相图的绘制步骤

（1）绘制横纵坐标。横坐标为碳的质量分数 $w_C/\%$，范围为 0% ~ 6.69%，纵坐标为温度 $T/℃$。

（2）5 个温度。5 个温度分别为 727 ℃、912 ℃、1 148 ℃、1 227 ℃ 和 1 538 ℃。其中，在 727 ℃ 和 1 148 ℃ 画出两条水平线，其他 3 个温度在纵坐标上标记出 3 个相应温度点。

（3）4 个成分点。4 个成分点分别为 0.021 8%、0.77%、2.11% 和 4.3%。在 0.021 8% 和 0.77% 分别做垂直线与 727 ℃ 的水平线各有一个交点，在 2.11% 和 4.3% 分别做垂直线与 1 148 ℃ 的水平线各有一个交点。

（4）绘制相图。将 3 个温度点、4 个交点及原点有序连接起来，这样就把相图的形状绘制出来了，再将相应的相及组织填入相应区域内，即形成了完整的铁碳相图。

## 二、铁碳合金的分类及亚共析钢的平衡结晶过程

### 1. 铁碳合金的分类

按照结晶过程中是否发生共晶转变，可将合金分为碳钢（0.021 8% < $w_C$ ≤ 2.11%）、

白口铸铁（2.11% $< w_C <$ 6.69%）、工业纯铁（$w_C \leqslant$ 0.021 8%）。不同类别所对应的室温平衡组织不同，详见表 3 – 2。

表 3 – 2　铁碳合金的分类和室温平衡组织

| 类别 | | $w_C$ | 室温平衡组织 |
|---|---|---|---|
| 工业纯铁 | | $\leqslant$ 0.021 8% | 铁素体 F |
| 碳钢 | 亚共析钢 | 0.021 8% $< w_C <$ 0.77% | 铁素体 F + 珠光体 P |
| | 共析钢 | 0.77% | 珠光体 P |
| | 过共析钢 | 0.77% $< w_C \leqslant$ 2.11% | 珠光体 P + 二次渗碳体 $Fe_3C_{II}$ |
| 白口铸铁 | 亚共晶白口铸铁 | 2.11% $< w_C <$ 4.3% | 莱氏体 L'd + 珠光体 P + 二次渗碳体 $Fe_3C_{II}$ |
| | 共晶白口铸铁 | 4.3% | 莱氏体 L'd |
| | 过共晶白口铸铁 | 4.3% $< w_C <$ 6.69% | 莱氏体 L'd + 一次渗碳体 $Fe_3C_{I}$ |

### 2. 亚共析钢的平衡结晶过程

碳钢和白口铸铁的结晶过程虽然比较复杂，但分析方法是一样的，下面以亚共析钢的结晶过程为例讲解铁碳合金的平衡结晶过程。

图 3 – 8 中合金为亚共析钢，该合金在 0 点以上的温度为液体 L，当低于 0 点以后，从液体 L 中开始结晶出奥氏体 A。达到 1 点温度时，液体 L 全部结晶为奥氏体 A。1 点到 2 点之间没有组织的转变，是奥氏体 A 冷却的过程。当温度冷却到 2 点时，奥氏体 A 中析出铁素体 F，而奥氏体 A 中的含碳量沿着 $GS$ 线变化。当冷却至 3 点（727 ℃）时，奥氏体 A 的含碳量为 0.77%，发生共析反应形成珠光体 P。因此，亚共析钢的室温组织是铁素体 F 和珠光体 P。需要说明的是，所有亚共析钢的室温平衡组织都是铁素体 F 和珠光体 P，只是两者的相对量不同，可以通过杠杆定律进行计算。

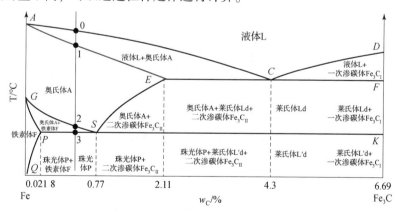

图 3 – 8　亚共析钢结晶过程分析

## 三、含碳量对平衡组织和力学性能的影响

### 1. 含碳量对平衡组织的影响

铁碳合金室温平衡组织由铁素体 F 和渗碳体 $Fe_3C$ 两相组成。随着含碳量的增加，渗

碳体 $Fe_3C$ 的相对量不断增加，由 0% 增到 100% 。同时，含碳量的增加也会引起组织发生变化。随着含碳量的增加，铁碳合金的组织变化为

$$F \rightarrow F + P \rightarrow P \rightarrow P + Fe_3C_{II} \rightarrow L'd + P + Fe_3C_{II} \rightarrow L'd \rightarrow L'd + Fe_3C_{I}$$

由此可见，同一种相，由于生成的条件不同，形态会有很大的差异。例如，从奥氏体 A 中析出的铁素体 F 多为块状，而共析反应中生成的铁素体 F 呈层片状。渗碳体 $Fe_3C$ 的形态更多，从铁素体 F 中析出的渗碳体 $Fe_3C$ 量很少，呈小片状；共析反应中生成的渗碳体 $Fe_3C$ 呈层片状；从奥氏体 A 中析出的渗碳体 $Fe_3C$ 呈网状；共晶反应中生成的渗碳体 $Fe_3C$ 呈鱼骨状；由液相 L 直接结晶出来的渗碳体 $Fe_3C$ 一般为长条状。因此，随着含碳量的增加，不仅使渗碳体 $Fe_3C$ 的含量增加，还会引起组织的变化，从而影响铁碳合金的力学性能。

2. 含碳量对力学性能的影响

在铁碳合金中，渗碳体 $Fe_3C$ 是硬脆相，在合金中常作为强化相，而铁素体 F 是软韧相，决定着铁碳合金的塑性形变性能。因此，整体来说随着含碳量的增加，铁素体 F 在不断减少，渗碳体 $Fe_3C$ 在不断增加，铁碳合金的塑性不断降低。

珠光体 P 的渗碳体 $Fe_3C$ 以薄片状均匀分布在铁素体 F 的基体上，起到了强化作用。珠光体 P 的层片越细，强化效果越明显。因此，珠光体 P 具有较高的强度和硬度，但塑性较差。图 3 - 9 所示为碳的质量分数对退火钢力学性能的影响。从图 3 - 9 中可知，对于亚共析钢来说，随着碳质量分数的增加，珠光体 P 也随之增加，从而引起了强度、硬度增加，而塑性、韧性下降；对于过共析钢来说，当含碳量大于 0.9% 时，脆硬的渗碳体沿着奥氏体 A 晶界析出，形成网状结构，使得共析钢的强度下降，脆性增加。为了保证铁碳合金具有足够的强度，并同时具备一定的塑性和韧性，其含碳量一般为 1.3% ~ 1.4% 。

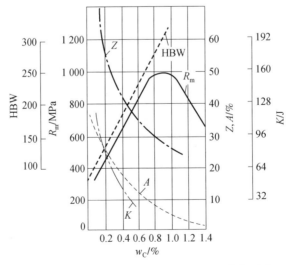

图 3 - 9　碳的质量分数对退火钢力学性能的影响

## 四、铁碳相图的应用

1. 在选材方面的应用

由含碳量对铁碳合金的平衡组织及力学性能的影响可知，不同含碳量的铁碳合金具有

不同的平衡组织，而不同的平衡组织决定了其力学性能不同。因此，对于建筑结构的型钢，一般选择具有较好塑性和韧性的低碳钢（$0.021\ 8\% < w_C < 0.25\%$）；机械工程中受力较大的机构件（如轴、齿轮等），选择具有良好综合性能的中碳钢（$0.3\% < w_C < 0.55\%$）；对于需要高硬度和高耐磨的工具（如锉刀），需要选择含碳量高的铁碳合金（$0.7\% < w_C < 1.2\%$）。

### 2. 在铸造方面的应用

从图 3 – 10 可以看出，共晶成分的铁碳合金熔点最低、结晶温度范围最小，具有良好的铸造性能。因此，铸造生产中多选用接近共晶成分的铸铁。根据铁碳相图可以确定铸铁的浇注温度，一般在液相线以上 $50 \sim 100$ ℃。

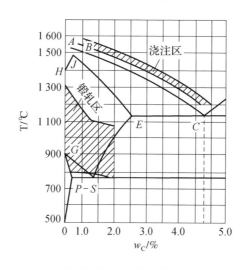

图 3 – 10　铁碳相图与铸造、锻造工艺的关系

### 3. 在锻造方面的应用

奥氏体 A 基本组织强度较低，塑性较好，便于塑性形变。因此，钢的锻造均选择在高温单相奥氏体 A 区内进行。图 3 – 10 所示的锻轧区为较适合的锻轧加热温度区间，锻轧温度控制在固相线以下 $100 \sim 200$ ℃。始锻温度不能过高，以防止钢材氧化严重；终锻温度不能过低，以防止塑性低而导致钢材断裂。

### 4. 在热处理方面的应用

热处理工艺是依据铁碳相图进行的，如退火、正火、淬火的加热温度都是基于铁碳相图确定的。该部分内容将在学习单元四进行详细介绍。

**想一想**

在本单元开头的"引导语"中提到铁碳相图是在平衡状态下测定的，平衡状态就是非常缓慢的加热和冷却。通过本单元的学习，可以知道随着含碳量的增加，铁碳合金的组织会发生变化。铁碳合金的组织结构决定了其性能，为了得到不同的铁碳合金性能，就要选择不同成分和组织的铁碳合金。但在实际生产中加热和冷却不是非常缓慢的，甚至是非常快的，这就偏离了平衡状态，那么非平衡状态又会得到什么样的组织呢？相关的知识将在学习单元四中进行学习。

拓 展 阅 读

铁碳相图从诞生到成熟的发展过程中有两个重要的事件。第一个重要事件是19世纪开始测定相图。奥斯蒙实测纯铁和钢的临界点；罗伯茨－奥斯汀用热分析法测定了铁碳相图的主体部分，发现了钢的临界点与碳含量有关，但由于他不了解吉布斯相律，因此只绘制出实测的共晶温度和共析温度，并没有画出水平线。但他正确地画出了奥氏体溶解度线。这是历史上第一张相图。第二个重要事件是罗泽布姆对罗伯茨－奥斯汀的铁碳相图按相律进行了修正，使铁碳相图的科学性得以体现，并使铁碳相图的研究得到了学术界的高度重视。

【创新思考】

（1）通过本模块的学习，你是否能分析出共晶白口铸铁的平衡结晶过程？

（2）锻造铁碳合金时一般将金属加热到哪个相区？

（3）铁碳相图描述的是平衡状态下的相图，但在实际生产中加热或冷却速度较快，这些会对铁碳合金产生影响吗？

## 综合训练

### 一、名词解释

1. 铁素体。

2. 奥氏体。

3. 珠光体。

4. 莱氏体。

5. 渗碳体。

6. 铁碳相图。

7. 低温莱氏体。

8. 高温莱氏体。

### 二、填空题

1. 填写铁碳合金基本组织的符号：奥氏体＿＿＿＿＿；铁素体＿＿＿＿＿；渗碳体＿＿＿＿＿；珠光体＿＿＿＿＿；高温莱氏体＿＿＿＿＿；低温莱氏体＿＿＿＿＿。

2. 珠光体是由＿＿＿＿＿和＿＿＿＿＿组成的机械混合物。

3. 莱氏体是由＿＿＿＿＿和＿＿＿＿＿组成的机械混合物。

4. 奥氏体在1 148 ℃时碳的质量分数可达＿＿＿＿＿，在727 ℃时碳的质量分数是＿＿＿＿＿。

5. 碳的质量分数为＿＿＿＿＿的铁碳合金称为共析钢，当其从高温冷却到 S 点（727 ℃）时会发生＿＿＿＿＿转变，从奥氏体中同时析出＿＿＿＿＿和＿＿＿＿＿的混合物，称为＿＿＿＿＿。

6. 奥氏体和渗碳体组成的共晶产物称为＿＿＿＿＿，其碳的质量分数是＿＿＿＿＿。

7. 亚共析钢中碳的质量分数是_____，其室温组织是_____和_____。

8. 过共析钢中碳的质量分数是_____，其室温组织是_____和_____。

9. 亚共晶白口铸铁中碳的质量分数是_____，其室温组织是_____。

10. 过共晶白口铸铁中碳的质量分数是_____，其室温组织是_____。

### 三、选择题

1. 铁素体是_____晶格，奥氏体是_____晶格，渗碳体是_____晶格。

A. 体心立方　　　　　B. 面心立方　　　　　C. 密排六方　　　　　D. 复杂的

2. 铁碳合金状态图上的 *ES* 线用符号_____表示；*PSK* 线用符号_____表示；*GS* 线用符号_____表示。

A. $A_1$　　　　　　　B. $A_{cm}$　　　　　　C. $A_3$

3. 铁碳合金相图上的共析线是_____，共晶线是_____。

A. *ECF* 线　　　　　B. *ACD* 线　　　　　C. *PSK* 线

### 四、判断题

1. 金属化合物的特性是硬而脆，莱氏体的性能也是硬而脆，故莱氏体属于金属化合物。

（　　　）

2. 渗碳体碳的质量分数是 6.69%。（　　　）

3. 在 $Fe—Fe_3C$ 相图中，$A_3$ 温度是随着碳的质量分数的增加而上升的。（　　　）

4. 碳溶于 $\alpha-Fe$ 中所形成的间隙固溶体，称为奥氏体。（　　　）

5. 铁素体在 770 ℃有磁性转变，在 770 ℃以下具有铁磁性，在 770 ℃以上则失去铁磁性。

（　　　）

### 五、简答题

1. 简述碳质量分数为 0.4% 和 1.2% 的铁碳合金从液态冷至室温时的结晶过程。

2. 将碳质量分数为 0.45% 的碳钢和白口铸铁都加热到 1 000～1 200 ℃，能否进行锻造？为什么？

## 任务评价

任务评价见表 3-3。

表 3-3　任务评价表

| 评价目标 | 评价内容 | 完成情况 | 得分 |
|---|---|---|---|
| 素养目标 | 培养学生坚持科技强国的理念 | | |
| | 培养学生的创新精神，激发学生的求知欲 | | |
| | 培养学生分析问题与解决问题的能力 | | |
| 技能目标 | 能够绘制简化的铁碳相图 | | |
| | 能够利用铁碳相图对一些典型的铁碳合金进行分析 | | |
| 知识目标 | 了解铁碳合金成分、组织、性能三者之间的关系 | | |
| | 掌握铁碳相图的含义及应用 | | |

# 学习单元四 钢的热处理

## 引导语

　　一根细钢棒切成两段，一起放入炉中加热烧红后，其中一段钢棒从炉中取出立即浸入水中冷却，冷透后的钢棒很硬，用锉刀很难在其表面锉出痕印；而另一段钢棒从炉中取出在空气中自然冷却，冷透后的钢棒比较软，用锉刀很轻松地就能在其表面锉出痕印。为什么同一根细钢棒，只是加热后的冷却方式不同，冷却后钢棒的硬度和耐磨性却相差很大呢？再如，一块软钢，经过化学热处理后就可以划开玻璃。这些都是热处理改变钢的性能的例子。本单元介绍钢的热处理。

## 知识图谱

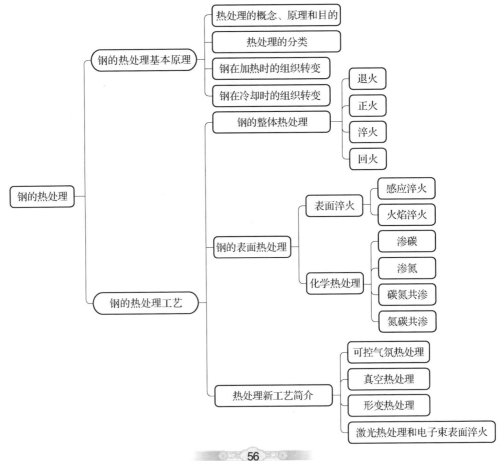

## 学习目标

知识目标

(1) 掌握钢在加热时的组织转变规律及其影响因素。

(2) 掌握钢在冷却时的组织转变规律、产物、形态特征及其性能。

(3) 掌握钢的整体热处理工艺的目的、适用范围、工艺参数、冷却介质的选择原则。

(4) 掌握钢的表面热处理的目的、作用及适用范围。

技能目标

能够根据工件的技术要求,制定相应的热处理工艺。

素养目标

(1) 培养学生尊重事物内在规律的意识。

(2) 培养学生在成本、质量、效率、安全等方面的意识。

(3) 培养学生的职业精神、工匠精神。

# 学习模块一 钢的热处理基本原理

## 【案例导入】

铁匠打铁时要将铁烧红后再进行锻打,待温度降低到一定程度又重新加热,整个锻打过程中都要保持铁处于烧红的状态,这是为什么呢?其实铁匠锻打的材料是钢,加热到发红时,钢中发生了奥氏体化,这时组织是塑性和韧性良好的奥氏体,可以进行锻打变形。但随着锻打的进行,温度不断降低,就会有其他组织出现,其他组织的塑性和韧性都不及奥氏体,特别是有大量硬而脆的碳化物出现时,锻打时特别容易开裂,因此,必须重新加热到单一奥氏体组织才能继续锻打。本模块将学习钢在加热和冷却时的组织转变。

## 【知识内容】

### 一、热处理的概念、原理和目的

热处理是指采用适当的方式对固态下的金属材料或工件进行加热、保温和冷却,以改变其组织结构,并获得所需性能的工艺。热处理工艺的加热、保温、冷却过程常用热处理工艺曲线来表示,如图 4-1 所示。

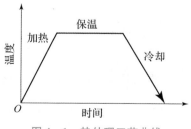

图 4-1  热处理工艺曲线

金属热处理是机械制造中的重要工艺过程，它的目的是提高金属工件的使用性能、工艺性能，充分发挥材料的性能潜力，提高产品的内在质量，延长产品的使用寿命。各类机床中需要热处理的零件占其总质量的60%~70%；汽车、拖拉机中需要热处理的零件占其总质量的70%~80%；而工具、模具及轴承则100%需要热处理。因此，热处理在机械制造中占有十分重要的地位。

与铸造、锻压、焊接、切削加工等工艺不同的是，热处理不改变金属工件的形状和整体化学成分，但是能够通过改变金属工件内部的组织结构改变金属工件的性能，这就是热处理的实质所在。换言之，如果某种材料在加热、保温和冷却的过程中组织结构不发生变化，那么它就不能热处理。钢材料是在工程中应用最广的金属材料，钢的热处理是金属热处理的主要内容。

钢的热处理依据是铁碳相图，其基本原理是根据钢在加热和冷却时内部组织发生转变的基本规律和要求来确定加热温度、保温时间和冷却介质等有关参数，以达到改善材料性能的目的。

常用的热处理设备有箱式电阻炉、盐浴炉、井式炉、火焰加热炉等，图4-2所示为箱式电阻炉。常用的冷却设备有水槽、油槽、盐浴、缓冷坑、吹风机等。

图4-2　箱式电阻炉

## 二、热处理的分类

根据热处理的目的、加热和冷却条件，热处理可以分为以下几类。

1. 整体热处理

整体热处理包括退火、正火、淬火、回火。

2. 表面热处理

表面热处理包括表面淬火、化学热处理等。

3. 其他热处理

其他热处理包括可控气氛热处理、真空热处理、形变热处理等。

## 三、钢在加热时的组织转变

钢在固态下缓慢加热和冷却时发生组织转变时的温度，称为平衡状态下的临界点，分

别用铁碳相图中的 $A_1$（$PSK$ 线）、$A_3$（$GS$ 线）、$A_{cm}$（$ES$ 线）表示。但在实际生产中加热和冷却速度都比平衡状态的速度快，因此，组织转变的温度与铁碳相图中的平衡临界点 $A_1$、$A_3$、$A_{cm}$ 之间有一定的偏离，而且加热和冷却的速度越快，其偏离程度也越大。为区别于平衡临界点，实际加热时的转变临界点分别用 $A_{c_1}$、$A_{c_3}$、$A_{c_{cm}}$ 表示；实际冷却时转变临界点分别用 $A_{r_1}$、$A_{r_3}$、$A_{r_{cm}}$ 表示，如图 4-3 所示。

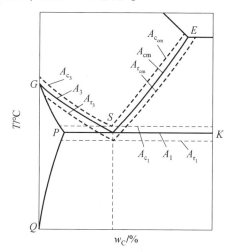

图 4-3　铁碳相图中钢的临界温度

由铁碳相图可知，任何成分的碳钢，当加热到 $A_{c_1}$ 点以上时，都要发生珠光体向奥氏体的转变，当加热到 $A_{c_3}$ 点或 $A_{c_{cm}}$ 点以上时，便全部转变成奥氏体。热处理时，加热的目的是得到部分或全部奥氏体组织，通常把这个过程称为奥氏体化，其中把获得单相奥氏体的过程称为完全奥氏体化，把获得部分奥氏体的过程称为不完全奥氏体化。

### 1. 奥氏体的形成

下面以共析钢为例说明奥氏体的形成过程。

共析钢在室温时，其平衡组织为单一珠光体。当把珠光体加热到 $A_{c_1}$ 点以上时，珠光体将转变成奥氏体，共析钢的奥氏体形成过程示意图如图 4-4 所示。这一转变可分为以下 4 个阶段。

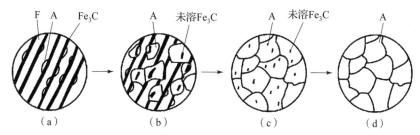

图 4-4　共析钢的奥氏体形成过程示意图

图 4-4（a）为奥氏体形核。珠光体加热到 $A_{c_1}$ 点以上时，会在铁素体和渗碳体的相界面上形成奥氏体晶核。

图 4-4（b）为奥氏体晶核长大。奥氏体形核后，晶核向铁素体和渗碳体两个方向长大。与此同时，又有新的奥氏体晶核在其界面上形成并长大，直到长大的奥氏体晶粒彼此

相遇，珠光体消失为止。奥氏体晶核长大时，向铁素体方向长大的速度总是大于向渗碳体方向长大的速度。因此，当铁素体全部消失时仍有一部分渗碳体尚未溶解。

图 4 - 4（c）为剩余渗碳体溶解。剩余渗碳体颗粒在随后的保温中，会通过碳原子的扩散，逐渐溶入奥氏体中。

图 4 - 4（d）为奥氏体成分均匀化。当剩余奥氏体刚溶解完时，奥氏体的成分是不均匀的。在原来的渗碳体处，碳浓度较高；而在原来的铁素体处，碳浓度较低。因此，延长保温时间，通过原子扩散可得到成分均匀的奥氏体。

亚共析钢和过共析钢的奥氏体形成过程基本与共析钢的奥氏体形成过程是一样的，不同之处是有过剩相的出现。亚共析钢的室温组织为铁素体和珠光体，因此，当加热到 $A_{c_1}$ 点以上时，其中的珠光体转变为奥氏体，但还剩下过剩相铁素体，只有加热到 $A_{c_3}$ 点以上时，过剩相才能全部溶解。过共析钢在室温下的组织为渗碳体和珠光体，因此，当加热到 $A_{c_1}$ 点以上时，珠光体转变为奥氏体，但还剩下过剩相渗碳体，只有加热到 $A_{c_{cm}}$ 点以上时，过剩渗碳体才能全部溶解。

### 2. 奥氏体晶粒长大及影响因素

奥氏体晶粒的大小对冷却后钢的组织与性能有很大的影响。热处理加热时得到的奥氏体晶粒越细小，冷却后的组织也越细小，其强度、塑性和韧性就越高。所以一般热处理希望得到细小的奥氏体晶粒。因此，在生产中常采用以下措施来控制奥氏体晶粒的长大。

（1）控制加热温度和保温时间。加热温度越高，保温时间越长，奥氏体晶粒就越粗大，特别是加热温度对奥氏体晶粒的长大影响更大。因此，合理控制热处理的加热温度和保温时间，可获得较细小的奥氏体晶粒。

（2）选用含有合金元素的钢。大多数金属元素，如铬、钨、钼、钒、钛、铌、锆（除锰、磷外）等，在钢中均可与碳元素形成难溶于奥氏体的碳化物，这些碳化物分布在晶界上，能阻碍奥氏体晶粒长大。因此，为得到细小的奥氏体晶粒，以提高材料冷却后的性能，应选择含有合金元素的钢。

## 四、钢在冷却时的组织转变

### 1. 冷却方式

冷却是热处理的最终工序，它决定了钢在热处理后的组织和性能。在热处理工艺中，有两种冷却方式，即等温冷却和连续冷却，如图 4 - 5 所示。

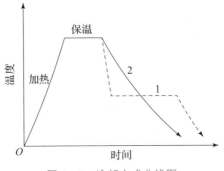

图 4 - 5　冷却方式曲线图

1—等温冷却；2—连续冷却

奥氏体在临界点 $A_1$ 温度以下是不稳定的，具有自发转变的倾向，但并不是冷却到 $A_1$ 点温度以下时立即发生转变。在 $A_1$ 点温度以下未发生转变而处于不稳定状态的奥氏体称为过冷奥氏体。

2. 过冷奥氏体的等温转变

过冷奥氏体在不同温度等温保持时，保温温度与转变开始和转变结束时间及转变产物的关系曲线称为等温转变图，或称等温转变曲线。因其形状与英文字母 C 相似，故又称 C 曲线。

（1）共析钢过冷奥氏体的等温转变图。奥氏体等温转变图是用实验方法建立的，图 4－6 所示为共析钢过冷奥氏体的等温转变图。下面以共析钢为例，对过冷奥氏体的等温转变进行分析。

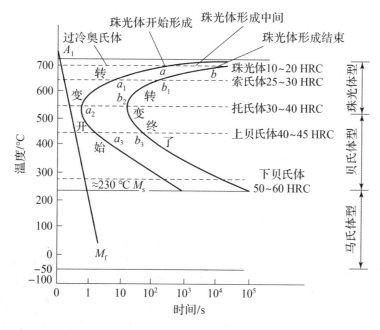

图 4－6　共析钢过冷奥氏体的等温转变图

在共析钢过冷奥氏体的等温转变图中，$A_1$ 点温度以上是奥氏体稳定区域；左侧 C 曲线为过冷奥氏体转变开始线，在转变开始线左方是过冷奥氏体区（这一段称为孕育期），在曲线左中部突出的"鼻尖"（约 550 ℃）处，孕育期最短，过冷奥氏体最不稳定，最容易发生转变；右侧 C 曲线为过冷奥氏体转变结束线，在转变结束线右方是转变产物区；在左侧 C 曲线与右侧 C 曲线之间，转变过程正在进行中。

在等温转变图的下方有两条水平线，一条是马氏体转变开始线（以 $M_s$ 表示），约为 230 ℃；一条是马氏体转变结束线（以 $M_f$ 表示），约为 －50 ℃。

（2）等温转变产物及其性能。过冷奥氏体在 $A_1$ 点以下进行等温转变时，等温温度不同，转变产物也不同。根据转变产物的组织特征可分为高温转变区（珠光体型转变区）、中温转变区（贝氏体型转变区）和低温转变区（马氏体型转变区）。共析钢过冷奥氏体的等温转变温度与转变产物的符号、组织形态和力学性能，见表 4－1。

表 4 – 1   共析钢过冷奥氏体的等温转变温度与转变产物的符号、组织形态和力学性能

| 等温转变温度范围 | 转变产物 | 符号 | 组织形态 | 硬度 |
| --- | --- | --- | --- | --- |
| $A_1 \sim 650\ ℃$ | 珠光体 | P | 粗片状 | $1 \sim 20$ HRC |
| $650 \sim 600\ ℃$ | 索氏体 | S | 细片状 | $25 \sim 30$ HRC |
| $600 \sim 550\ ℃$ | 托氏体 | T | 极细片状 | $30 \sim 40$ HRC |
| $550 \sim 350\ ℃$ | 上贝氏体 | $B_上$ | 羽毛状 | $40 \sim 45$ HRC |
| $350\ ℃ \sim M_s$ | 下贝氏体 | $B_下$ | 针叶状 | $50 \sim 60$ HRC |
| $M_s \sim M_f$ | 马氏体 | M | 板条状 | 约 40 HRC |
| | 马氏体 | M | 针状 | $55 \sim 65$ HRC |

1）珠光体型转变

过冷奥氏体在 $A_1 \sim 550\ ℃$ 范围内，等温分解为铁素体和渗碳体的片层状混合物——珠光体。随着等温转变温度越低，珠光体的片层厚度也越薄，按照珠光体片层厚度从大到小，把珠光体分为珠光体（粗片状）、索氏体（细片状）、托氏体（极细片状）3 种组织，分别用符号 P、S、T 表示，如图 4 – 7 所示。珠光体的力学性能主要取决于片层厚度，片层厚度越小，力学性能越好，见表 4 – 1。

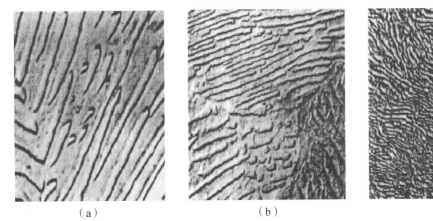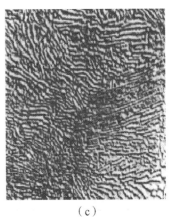

| （a） | （b） | （c） |

图 4 – 7   不同等温转变条件下珠光体的厚度不同

(a) 珠光体（700 ℃等温）3 800×；(b) 索氏体（650 ℃等温）8 000×；(c) 托氏体（600 ℃等温）8 000×

2）贝氏体型转变

在 $550\ ℃ \sim M_s$ 范围内，过冷奥氏体等温分解为贝氏体，用符号 B 表示。贝氏体的形态主要取决于转变温度，以 350 ℃为界，$550 \sim 350\ ℃$ 范围的转变产物称为上贝氏体，用符号 $B_上$ 表示，组织形态呈羽毛状，如图 4 – 8 所示；$350\ ℃ \sim M_s$ 范围的转变产物称为下贝氏体，用符号 $B_下$ 表示，组织形态呈针叶状，如图 4 – 9 所示。

图 4 - 8　上贝氏体 500 ×

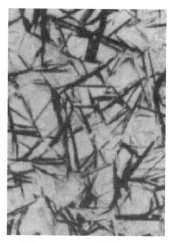

图 4 - 9　下贝氏体 500 ×

3）马氏体型转变

过冷奥氏体冷却到 $M_s$ 点以下转变为马氏体，马氏体用符号 M 表示。马氏体有两种形态，即针状马氏体和板条状马氏体。针状马氏体中碳的质量分数较高（$w_C > 1.0\%$），所以又称高碳马氏体，如图 4 - 10 所示，针状马氏体硬且脆；板条状马氏体中碳的质量分数较低（$w_C < 0.2\%$），所以又称低碳马氏体，如图 4 - 11 所示，板条状马氏体具有良好的强度和较好的韧性。

图 4 - 10　针状马氏体 500 ×

图 4 - 11　板条状马氏体 500 ×

马氏体转变发生在一定温度范围内（$M_s \sim M_f$），如果在此温度范围内停止冷却，则奥氏体向马氏体的转变也终止，这时仍有一定量的奥氏体存在，这部分奥氏体称为残余奥氏体，用符号 A′ 表示。残余奥氏体的数量与钢的化学成分有关，钢的含碳量越高、合金元素含量越多，残余奥氏体的数量也越多。由于马氏体的比容（比体积）比奥氏体的比容（比体积）大，因此，马氏体转变时体积会发生膨胀，产生较大内应力，易导致钢件变形、开裂。

**3. 过冷奥氏体的连续冷却转变**

实际生产中，许多热处理工艺的冷却一般不是等温冷却，而是连续冷却。因此，有必要认识过冷奥氏体的连续冷却转变曲线。

（1）共析钢过冷奥氏体的连续冷却转变曲线。图 4 - 12 所示为共析钢过冷奥氏体连续冷却转变曲线。可以看出，只有过冷奥氏体等温转变图的上半部，说明共析钢在连续冷却转变时只发生珠光体转变，而没有贝氏体转变。图 4 - 12 中 $P_s$ 线为过冷奥氏体转变为珠光体的开始线，$P_f$ 线为转变结束线，两线之间为转变过渡区。$K$ 线为转变终止线，当冷却曲线碰到此线时，过冷奥氏体终止向珠光体转变，剩余的过冷奥氏体一直冷却到 $M_s$ 线以下，才继续转变为马氏体。与过冷奥氏体连续冷却转变曲线的"鼻尖"相切的冷却速度 $V_K$ 称为马氏体临界冷却速度。它是获得全部马氏体组织的最小冷却速度。钢在淬火时的冷却速度必须大于 $V_K$，才能全部得到马氏体组织（实际还含有一小部分残余奥氏体）。马氏体临界冷却速度越小，过冷奥氏体就越稳定，即使在较慢的冷却速度下也会得到马氏体，这对钢的淬火具有重要意义。

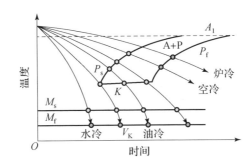

图 4 - 12   共析钢过冷奥氏体的连续冷却转变曲线

（2）过冷奥氏体连续冷却的转变组织。利用过冷奥氏体连续冷却转变曲线可以分析过冷奥氏体的转变组织。根据冷却速度的不同，转变产物有可能是珠光体 + 索氏体、索氏体 + 托氏体、托氏体 + 马氏体、马氏体等。

## 拓 展 阅 读

    一块钢铁，和所有物质一样，是由原子按照一定的规律结合起来的，但是钢铁的结构并不是一个僵死的东西，它的内部始终贯穿着各种矛盾，并且还要遵循一定的规律进行转化运动。钢的热处理正是通过加热、保温、冷却，促使内部的原子按照一定的规律结合，从而得到想要的组织结构。一块软钢，有的经过化学热处理可以划开玻璃，有的长期浸泡在盐水中不会生锈，有的还能经受高温而不烧毁。虽然是同样的材质，但热处理方法不同，处理的质量好坏、零件的寿命完全不同。

【创新思考】

    铁匠打铁时要烧红后进行锻打，锻打降到一定温度时还需要重新加热，当锻打到所需形状后，要将其在冷却液中快速冷却，这样才能达到所需的性能，整个加工过程中的加热、冷却都比较特殊，为什么？

# 学习模块二　钢的热处理工艺

## 【案例导入】

我国古代很讲究使用钢刀，优质锋利的钢刀称为宝刀。战国时期，相传越国就有人制造出"干将""莫邪"等宝刀、宝剑，锋利无比、削铁如泥，头发放在刃口上，吹口气就会断成两截。虽然传说可能有些夸张，但是宝刀锋利却是事实。宝刀为什么如此锋利呢？在古代，只有少数工匠掌握生产这种宝刀的技术，现在通过科学研究知道了原因，那就是采用适当的热处理工艺来改变金属材料的性能。本模块将学习钢的热处理工艺。

## 【知识内容】

### 一、钢的整体热处理

对工件整体进行穿透加热的热处理称为整体热处理。整体热处理工艺主要有退火、正火、淬火和回火等。

一般钢零件生产的工艺路线：毛坯生产→预备热处理→机械加工→最终热处理→机械精加工。预备热处理的作用是消除钢的组织缺陷，或改善钢的工艺性能，为后续的加工做准备，一般退火、正火为预备热处理工艺。最终热处理是为了满足使用性能要求而进行的热处理，一般淬火和回火为最终热处理工艺。

#### 1. 退火

退火是将工件加热到适当的温度，保温一定时间后缓慢冷却的热处理工艺。退火的目的是消除或改善工件在铸造、锻造、焊接等加工过程中所造成的成分不均匀、组织缺陷、内应力或加工硬化等问题，细化工件组织，降低或调整工件硬度，为后续工序做好准备。常用的退火与正火工艺如图 4-13 所示。

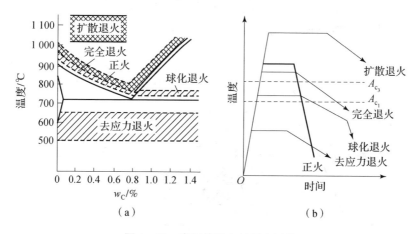

**图 4-13　常用的退火与正火工艺**

(a) 加热温度范围；(b) 热处理工艺曲线

（1）完全退火。完全退火是将工件完全奥氏体化后缓慢冷却，以获得接近平衡组织的退火。完全退火加热温度为 $A_{c_3}$ 点以上 20~30 ℃，保温时间根据工件大小和厚度决定，以保证得到均匀的奥氏体。实际生产操作是随炉缓冷至 500 ℃左右后，取出空冷。完全退火主要用于亚共析钢的铸件、锻件、焊件及热轧型材，其主要目的是细化组织、消除应力、降低硬度、改善工艺性能等。

（2）球化退火。球化退火是使钢中碳化物球状化而进行的退火。球化退火的加热温度为 $A_{c_1}$ 点以上 20~30 ℃。实际生产操作是保温，随炉缓冷至 500~600 ℃后出炉空冷。球化退火主要用于过共析钢和共析钢制造的刃具、量具、模具、轴承等，其主要目的是使钢中碳化物球状化（见图 4-14），降低钢的硬度，改善其切削加工性，为淬火做组织准备，减少淬火时的过热和变形倾向，提高淬火后的力学性能。

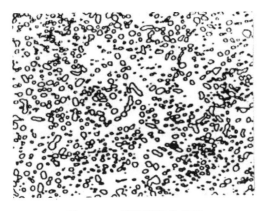

图 4-14　球状碳化物组织

（3）等温退火。等温退火是将亚共析钢加热到 $A_{c_3}$ 点以上 30~50 ℃或将共析钢、过共析钢加热到 $A_{c_1}$ 点以上 20~40 ℃，保温一段时间后，冷却到稍低于 $A_{r_1}$ 点某一温度进行等温转变，以获得珠光体组织，然后再空冷的一种工艺方法。等温退火的目的与完全退火相同，区别是等温退火可大幅度缩短退火时间，特别是对于大型铸件、锻件和高合金钢件尤为有用。高速工具钢的等温退火与完全退火如图 4-15 所示。

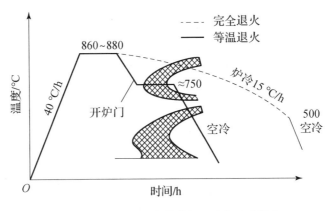

图 4-15　高速工具钢的等温退火与完全退火

（4）去应力退火。去应力退火是将工件加热到 $A_{c_1}$ 点以下的某一温度（一般为 500 ~ 650 ℃），保温后缓冷的工艺，其目的是去除前面加工工序造成的残余应力，防止工件变形，稳定工件的形状和尺寸。钢材料在去应力退火过程中无相变发生。

（5）均匀化退火。均匀化退火是将工件加热到略低于固相线温度（一般为 1 000 ~ 1 200 ℃），长时间（10 ~ 15 h）保温后缓慢冷却的工艺，其目的是消除合金钢铸锭、铸件和锻坯的成分偏析，使成分均匀化。

### 2. 正火

正火是将工件加热到完全奥氏体化后在空气中冷却的工艺，如图 4 – 13 所示。正火的加热温度为 $A_{c_3}$ 点或 $A_{c_{cm}}$ 点以上 30 ~ 50 ℃。正火最常用的冷却方式是将工件从加热炉中取出，放在空气中自然冷却，对于大件，也可采用吹风、喷雾等方法控制工件的冷却速度，以达到要求的组织和性能。与退火相比，正火的冷却速度较快、转变温度较低。因此，相同钢材正火后的珠光体组织比退火后的更细小，力学性能（如硬度、强度、韧性）更高。正火的作用主要为以下几方面。

（1）用于低碳钢的预备热处理，可以提高低碳钢的硬度，改善其切削加工性能。

（2）用于过共析钢，可消除网状二次渗碳体，为球化退火做准备。

（3）作为重要工件的预备热处理，可消除成形工艺过程中产生的缺陷，获得良好的切削加工性能，提高淬火质量。

（4）正火后可以细化晶粒、均匀组织，且正火后材料的力学性能比退火后材料的力学性能高，正火可用于普通结构工件或大型工件的最终热处理。

正火与退火如何正确选用，应从以下三方面考虑。

（1）从改善钢的切削加工性能方面考虑。一般来说，钢的硬度在 170 ~ 230 HBW 范围内具有良好的切削加工性能。

碳的质量分数低于 0.25% 的低碳钢，应采用正火，可适当提高低碳钢的硬度，以提高其切削加工性能。

碳的质量分数为 0.25% ~ 0.60% 的中碳钢，可采用正火或退火，以提高钢的切削加工性能。

碳的质量分数在 0.60% 以上的高碳钢，应采用退火（一般为球化退火），以提高其切削加工性能。

（2）从使用性能方面考虑。一些受力不大、力学性能要求不高的工件或大型工件（不便于淬火），可用正火作为最终热处理工艺。

（3）从经济方面考虑。由于正火比退火操作简便、生产周期短、工艺成本低，因此，在满足工件的工艺性能和使用性能的前提下，能用正火优先选择正火。

### 3. 淬火

淬火是将钢奥氏体化后以适当的速度冷却，获得马氏体或贝氏体组织的热处理工艺。

（1）淬火的目的。淬火的主要目的是获得马氏体或贝氏体组织，以提高钢的硬度和强度。淬火与适当的回火相配合，可获得钢所需的使用性能。各种模具、滚动轴承及重要零件（如轴、套、销等）都需要进行淬火。

（2）淬火加热温度。根据铁碳相图中的相变临界点，碳钢淬火加热温度范围如图 4 – 16 所示。

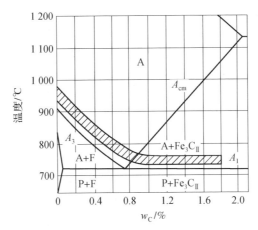

图 4-16　碳钢淬火加热温度范围

亚共析钢的淬火加热温度为 $A_{c_3}$ 点以上 30～50 ℃，淬火后得到均匀细小的马氏体组织。如果淬火加热温度过高，则将得到粗大的马氏体组织，从而引起钢件较严重的变形；如果淬火加热温度过低，则在淬火组织中会出现铁素体，使淬火组织出现软点，从而降低钢件的硬度和强度。

共析钢和过共析钢的淬火加热温度为 $A_{c_1}$ 点以上 30～50 ℃，淬火后得到均匀细小的马氏体和颗粒状渗碳体。如果淬火加热温度过高，则将得到粗针状马氏体，由于渗碳体溶解过多，会增加残余奥氏体的数量，降低钢的硬度和耐磨性，还会引起钢件较严重的变形，增大开裂倾向。如果淬火加热温度过低，则将得到非马氏体组织，达不到钢的性能要求。

（3）保温时间。保温的目的是使钢件热透，使组织转变完全，使奥氏体成分均匀。根据钢的成分、加热介质和工件尺寸来决定保温时间，可通过热处理手册来确定。

（4）淬火冷却介质。钢在加热获得奥氏体后，要以足够的冷却速度进行冷却，以保证奥氏体过冷到 $M_s$ 点以下转变成马氏体。因此，应合理地选用淬火冷却介质，如果介质冷却能力太大，则钢件容易变形或开裂；如果介质冷却能力太小，则钢件又容易发生非马氏体转变。

根据等温转变曲线可知，要获得马氏体组织，同时减少淬火时因快速冷却产生应力所引起的变形或开裂的倾向，理想的淬火冷却曲线如图 4-17 所示，在"鼻尖"附近（650～550 ℃）快冷，而在略低于 $A_1$ 点和 $M_s$ 点附近缓慢冷却。

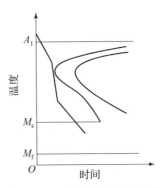

图 4-17　理想的淬火冷却曲线

常用的淬火冷却介质有油、水、盐水、碱水等，其冷却能力依次增加，而盐浴一般用于等温淬火。目前一些冷却特性接近理想淬火介质的新型淬火介质，如水玻璃—碱水溶液、过饱和硝盐水溶液、氧化锌—碱水溶液、合成淬火剂等，都已广泛使用。

（5）常用淬火方法。实际生产中，为了达到所要求的组织和性能，同时又能减小淬火应力，防止钢件变形或开裂，可以选用不同的淬火方法。常用的淬火方法有单介质淬火、双介质淬火、马氏体分级淬火、贝氏体等温淬火等。

① 单介质淬火。

将已奥氏体化的工件在单一淬火介质中一直冷却到室温的淬火方法称为单介质淬火，如图 4 – 18 中 1 所示。例如，实际生产中，碳钢在水或盐水中淬火，合金钢在油中淬火，都是典型的单介质淬火。单介质淬火适用于尺寸小且形状简单的工件。

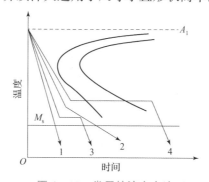

图 4 – 18　常用的淬火方法

1—单介质淬火；2—双介质淬火；3—马氏体分级淬火；4—贝氏体等温淬火

② 双介质淬火。

将已奥氏体化的工件先浸入一种冷却能力较强的淬火介质中冷却，当温度降到稍高于 $M_s$ 点温度时，立即将工件转入另一种冷却能力较弱的淬火介质中继续冷却，使其发生马氏体后空冷的一种淬火方法，称为双介质淬火，如图 4 – 18 中 2 所示。双介质淬火主要适用于中等复杂形状的高碳钢工件和较大尺寸的合金钢工件。

③ 马氏体分级淬火。

将已奥氏体化的工件浸入温度在 $M_s$ 点附近的盐浴或碱浴中，保持适当时间，在工件内外温差消除后取出空冷，以获得马氏体组织的淬火方法，称为马氏体分级淬火，如图 4 – 18 中 3 所示。马氏体分级淬火适用于尺寸较小、形状复杂的高碳钢或合金钢的工具、模具。

④ 贝氏体等温淬火。

将已奥氏体化的工件快速冷却到贝氏体转变温度区间等温保持，使奥氏体转变为下贝氏体的淬火方法，称为贝氏体等温淬火，如图 4 – 18 中 4 所示。贝氏体等温淬火可以显著减小工件变形或开裂倾向，且工件具有较高的韧性、硬度和耐磨性，适用于尺寸较小、形状复杂、尺寸精度要求较高的工具、模具和重要的机器零件，如模具、刀具和齿轮等。

（6）钢的淬透性。在规定条件下，钢的淬透性决定着钢材淬硬深度和硬度分布的特性，可以理解为在相同淬火条件下，钢获得马氏体组织深度的能力。淬透性是钢的一种重要的热处理工艺性能，不同类型的钢制造相同形状和尺寸的工件，在同样条件下淬火，有效淬硬层越深，其淬透性越好。淬透性是材料的固有属性，与钢的化学成分和奥氏体化条件有关，一般合金钢的淬透性优于碳钢的淬透性。

（7）常见的淬火缺陷。淬火过程中，由于加热温度高、冷却速度快，容易使工件出现一些质量问题，应加以控制。

① 氧化和脱碳。

氧化是指钢件在加热时，加热介质中的氧气、二氧化碳和水等与工件表层的铁原子发生反应生成氧化物的过程。氧化会影响工件的表面质量与使用寿命。

脱碳是指加热时由于氛围中的气体介质和钢件表层的碳发生化学反应，使钢件表层含碳量降低的现象。

可采用保护气氛或可控气氛加热来控制氧化和脱碳，或在工件表面涂上一层防氧化剂。

② 过热和过烧。

过热是指由于淬火加热温度过高或保温时间过长，使晶粒过分粗大，导致钢的性能显著降低的现象。可以通过正火进行补救。

过烧是指加热温度过高或保温时间过长而导致的晶界氧化和部分熔化的现象。过烧的钢件无法补救，只能报废。应正确选择和控制淬火加热温度和保温时间来预防过烧现象发生。

③ 变形或开裂。

工件在淬火过程中会发生形状和尺寸的变化，有时甚至产生淬火裂纹。工件的变形或开裂，都是由于热处理过程中工件内部产生了较大的内应力所造成的。工件的内应力是由于工件不同部位存在温度差异及组织转变所引起的，称为淬火应力。当淬火应力超过钢的屈服强度时，工件将产生变形；当淬火应力超过钢的抗拉强度时，工件将产生裂纹，从而成为废品。

为了减少钢件淬火时的变形或开裂现象，应合理制定热处理工艺规范，且在淬火后及时回火。

④ 硬度不足和软点。

硬度不足是指淬火后工件上较大区域内的硬度达不到要求的现象；软点是指工件淬火后表面许多小区域硬度不足的现象。

造成硬度不足和软点的原因主要有淬火加热温度偏低、保温时间不足、淬火冷却速度不够、表面氧化和脱碳等。

工件在产生硬度不足和软点后，可经退火或正火后重新进行正确的淬火处理。

### 4. 回火

回火是将淬火后的工件重新加热到 $A_{c_1}$ 点以下的某一温度，保温后冷却到室温的热处理工艺。淬火与回火配合，可使工件获得所需的使用性能。

（1）回火的目的。钢件淬火后都要进行回火，淬火得到的组织主要是马氏体和少量残余奥氏体，有时还有未溶的碳化物，其中马氏体和残余奥氏体都是不稳定组织，具有自发向稳定组织转变的倾向，而且淬火后的组织存在淬火应力。因此，回火的目的是稳定组织，消除淬火应力，防止工件在以后的加工和使用过程中产生变形或裂纹；减少脆性，调整硬度，以满足各种工件对力学性能的不同要求。

（2）回火过程中的组织转变。

① 第一阶段（200 ℃以下），马氏体开始分解，转变为回火马氏体，硬度仍然很高，淬火应力和脆性降低。

② 第二阶段（200～300 ℃），残余奥氏体分解，转变为回火马氏体或下贝氏体，淬火应力进一步减小。

③第三阶段（250～400 ℃），马氏体快速分解，形成回火托氏体，内应力基本消除，钢的硬度、强度下降，塑性提升。

④第四阶段（400 ℃以上），形成回火索氏体。

（3）回火的种类及应用。

①低温回火（250 ℃以下）。低温回火后得到回火马氏体，其目的是降低钢的淬火应力和脆性。回火马氏体的性能特点是高硬度（一般为 58～62 HRC）、高耐磨性。低温回火主要适用于高硬度、高耐磨性的工件，如刀具、量具、冷作模具、滚动轴承、渗碳件及表面淬火件等。

②中温回火（350～500 ℃）。中温回火后得到回火托氏体（硬度一般为 35～50 HRC），其性能特点是高弹性极限、高屈服强度和良好的韧性，主要适用于各类弹簧等弹性元件及热作模具。

③高温回火（500～650 ℃）。高温回火后得到回火索氏体（硬度一般为 200～330 HBW），具有良好的综合力学性能（既强又韧）。通常将淬火＋高温回火的复合热处理工艺称为调质处理，适用于中碳结构钢制造的轴、连杆、齿轮和螺栓等重要的机器零件。

## 二、钢的表面热处理

某些零件工作时的性能要求是表面高硬度、高耐磨性，心部具有一定的强度和良好的韧性（表硬里韧），如齿轮、轴、凸轮等。由于这些零件表面性能与心部性能不同，因此，需要表面热处理工艺才能满足要求。

### 1. 表面淬火

表面淬火是为改变工件表面的组织和性能，仅对表面进行淬火的工艺。表面淬火工艺的特点是不改变钢件表面的化学成分，只改变表面的组织，具体方法有感应淬火、火焰淬火等。

（1）感应淬火。

① 感应淬火的原理。感应淬火是利用感应电流通过工件产生的热量，使工件表层或局部加热并快速冷却的工艺。感应淬火原理示意图如图 4-19 所示。将工件放入感应器内，

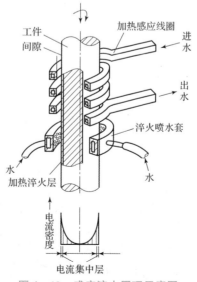

图 4-19　感应淬火原理示意图

感应器中通以一定频率的交流电，其周围会产生与电流变化频率相同的交变磁场，工件在感应器中旋转时，工件中就会产生感应电流，该感应电流具有"集肤效应"，即越靠近工件表面，电流密度越大，而越靠近工件中心电流密度越小。因此，在感应电流的作用下，工件表面被迅速加热到淬火温度，而心部温度不变。然后立即喷水或浸水冷却，实现表面淬火的目的。

②感应淬火的特点。感应淬火加热速度快、时间短，工件淬火变形小，基本没有氧化和脱碳现象；感应淬火后，在工件表层产生残余压应力，可以明显提高工件的疲劳强度；生产率高，淬硬层深度易于控制，适合大批量生产；感应器制造成本高，不适合小批量生产，且零件形状复杂时，感应器制造困难。

③感应淬火的应用。感应淬火主要适用于中碳钢和中碳合金钢制造的工件，如40钢、45钢、40Cr钢等。这些工件经正火或调质处理后再进行表面淬火、低温回火，生产中有时采用自热回火法，即当淬火冷却到200 ℃左右，停止喷水，利用工件的余热达到低温回火的目的。经感应淬火和低温回火的工件，心部具有良好的综合力学性能，而表面具有高硬度和高耐磨性。可根据工件表面淬硬深度的要求选择不同的电流频率，见表4－2。

表4－2 常用的感应淬火方法

| 名称 | 电流频率 | 淬硬深度/mm | 应用范围 |
|---|---|---|---|
| 高频感应淬火 | 200～300 kHz | 0.5～2 | 中小型，如模数小的齿轮和小轴 |
| 中频感应淬火 | 2 500～8 000 Hz | 2～10 | 中大型，如直径较大的轴和大中模数的齿轮 |
| 工频感应淬火 | 50 Hz | 10～20 | 大直径钢材的穿透加热和要求淬硬层深的大直径零件 |

（2）火焰淬火。火焰淬火是采用氧炔焰（或其他可燃气体）喷射在工件的表面上，使其快速加热，当达到淬火温度时立即喷水冷却，从而得到一定深度淬硬层的表面淬火方法，如图4－20所示。火焰淬火的有效淬硬深度一般为2~6 mm，操作简单、成本低，但其加热温度和淬硬层深度不易控制，适用于单件、小批量生产的大型工件或局部淬火工件。

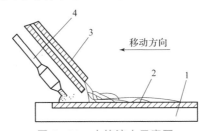

图4－20 火焰淬火示意图
1—工件；2—淬硬层；3—喷水管；4—火焰喷嘴

**2. 化学热处理**

将工件置于一定温度的活性介质中保温，使一种或几种元素渗入其表层，以改变工件表层的化学成分和组织，达到工件要求性能的热处理工艺称为化学热处理。与其他热处理比较，它的工艺特点是除组织变化外，工件表层的化学成分也发生变化。

化学热处理种类很多，根据渗入元素的不同，有渗碳、渗氮、碳氮共渗、渗硼、渗硅、渗金属等。渗入的元素不同，工件表面获得的性能也不同。渗碳、渗氮、碳氮共渗的主要目的是提高工件表面的硬度和耐磨性；渗金属的主要目的是提高工件表面的耐蚀性和抗氧化性等。

各种化学热处理都是依靠介质元素的原子向工件内部扩散来进行的，由 3 个过程组成：分解，是指由介质分解出渗入元素活性原子的过程；吸收，是指零件表面吸收活性原子的过程；扩散，是指在一定温度下活性原子由工件表面向内部扩散，形成一定厚度的扩散层的过程。

目前，渗碳、渗氮、碳氮共渗是生产中最常用的化学热处理。

（1）渗碳。为了增加工件表层碳的质量分数，将钢件在渗碳介质中加热并保温，使碳原子渗入工件表层的化学热处理工艺称为渗碳。

① 渗碳的目的和应用范围。

渗碳的目的是提高工件表面的硬度、耐磨性。渗碳适用于碳的质量分数为 0.1% ~ 0.25% 的低碳钢和低碳合金钢，如 20 钢、20Cr 钢、20CrMnTi 钢等。某些重要零件，如汽车变速齿轮、活塞销和摩擦片等，要求表面高硬度、高耐磨性，而心部具有较高的强度和韧性，都需要渗碳。

② 渗碳的方法。

渗碳的方法有固体渗碳、气体渗碳和液体渗碳，其中气体渗碳生产率高，渗碳过程易控制，渗碳层质量好，且易实现自动化，所以应用最广泛。

气体渗碳炉原理如图 4 - 21 所示。将工件置于密封的渗碳炉内，向炉内滴入煤油、苯、甲醇、丙酮等渗碳剂，渗碳温度一般为 900 ~ 950 ℃。渗碳剂在高温下分解出活性碳原子被工件表面吸收，并向工件内部扩散而形成一定深度的渗碳层。渗碳层的深度主要取决于保温时间，保温时间越长，渗碳层越深，一般按 0.1 ~ 0.15 mm/h 渗碳层的深度进行估算，实际生产中常用试棒来确定渗碳时间。工件渗碳后，表面层碳的质量分数可达 0.85% ~ 1.05%，而工件心部仍为低碳的原始成分。

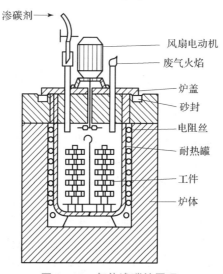

图 4 - 21　气体渗碳炉原理

③ 渗碳后的热处理。

渗碳后的工件必须径淬火加低温回火，才能使表面获得高硬度和高耐磨性（硬度可达 58 ~ 64 HRC），而心部仍保持一定的强度和良好的韧性。

（2）渗氮。在一定温度下，在渗氮介质中使活性氮原子渗入工件表层的化学热处理工艺称为渗氮。

① 渗氮的目的和应用范围。

渗氮可使工件获得比渗碳更高的表面硬度、耐磨性、疲劳强度和耐蚀性。渗氮主要适用于中碳合金钢（如 40Cr 钢、35CrMo 钢、38CrMoAl 钢等）制造的各种高速传动的精密齿轮，高精度机床主轴，高疲劳强度的高速柴油机曲轴，耐蚀、耐磨的阀门等。

② 渗氮的方法。

目前常用的渗氮方法主要有气体渗氮和离子渗氮。渗氮介质有无水氨气、氨气与氢气、氨气与氮气。由于渗氮温度较低，因此，渗氮所需时间很长，渗氮层也较薄，一般为 $0.3 \sim 0.6$ mm。渗氮层的硬度很高，可达 $1\,000 \sim 1\,100$ HV。工件渗氮前需经调质处理，渗氮后不需要淬火。例如，用 38CrMoAl 钢制造压缩机活塞杆，渗氮层深度为 0.5 mm 左右，渗氮时间为 60 h。

（3）碳氮共渗。在奥氏体状态下同时将碳、氮渗入工件表层，以渗碳为主的化学热处理工艺称为碳氮共渗。生产中应用最广的是中温气体碳氮共渗，与渗碳相比，碳氮共渗具有温度低、时间短、变形小、渗层硬度大、耐磨性高、疲劳强度高、耐蚀性较强等优点。与渗氮相比，碳氮共渗层的深度比渗氮层深，表面脆性小、抗压强度高。碳氮共渗广泛应用于自行车、仪表零件、齿轮、轴类、模具、量具等的表面处理。

（4）氮碳共渗（软氮化）。在工件表层同时渗入氮和碳，并以渗氮为主的化学热处理工艺称为氮碳共渗，又称软氮化。生产中常用的方法是低温气体氮碳共渗，其优点是温度低、时间短、工件变形小，且不限钢种，能显著提高工件的疲劳强度、耐磨性和耐蚀性。气体氮碳共渗主要应用于各种工具、模具及一些轴类工件。

## 三、热处理新工艺简介

### 1. 可控气氛热处理

在热处理工艺过程中，可以有效控制热处理炉内炉气成分（即工艺介质）的热处理工艺称为可控气氛热处理。它的主要目的是减少和防止零件加热时的氧化和脱碳，保证零件的表面质量。

目前常用的可控气氛有吸热式气氛、直生式气氛。可控气氛热处理适用于材料表面渗碳、碳氮共渗、氮碳共渗，低碳钢的光亮退火及中、高碳钢的光亮淬火等工艺。

### 2. 真空热处理

真空热处理是指在低于 $1 \times 10^5$ Pa（通常是 $10^{-3} \sim 10^{-1}$ Pa）的环境中进行加热的热处理工艺。

真空热处理后，零件表面无氧化、不脱碳，表面光洁。这种处理能使钢脱氧、净化，且变形小，可显著提高耐磨性和疲劳强度。此外，真空热处理的工艺稳定性好，有利于机械化和自动化。真空热处理目前发展较快，不仅能在气体、水、油中进行淬火，还广泛用于化学热处理，如真空渗碳、真空渗铬等，以缩短渗入时间、提高渗层质量。

### 3. 形变热处理

形变热处理是指将塑性形变和热处理有机结合在一起的一种复合工艺。该工艺既能提高钢的强度，又能改善钢的塑性和韧性，同时还能简化工艺、节省能源。因此，形变热处理是提高钢的韧性的重要手段之一。

形变热处理的方法有多种，典型的形变热处理工艺可分为高温形变热处理和低温形变热处理两种。高温形变热处理是在奥氏体稳定区进行塑性形变，然后立即淬火。高温形变热处理对钢的强度增加不大，但可以大幅度提高其韧性、减小回火脆性、降低缺口敏感性。高温形变热处理工艺多用于合金调质钢及加工量不大的锻件或轧材，如连杆、曲轴、弹簧、叶片等。低温形变热处理是在过冷奥氏体孕育期最长的温度 500～600 ℃ 之间进行大量塑性形变，然后淬火，最后中温或低温回火。低温形变热处理可在保持工件塑性、韧性不降低的条件下，大幅度提高工件的强度和耐磨性，主要用于要求强度很高的零件，如高速工具、钢刀具、弹簧、飞机起落架等。

### 4. 激光热处理和电子束表面淬火

激光热处理是指利用专门的激光器产生能量密度极高的激光，以极快速度加热工件表面，自冷淬火后，使工件表面强化的工艺。

电子束表面淬火是指利用电子枪发射成束电子，轰击工件表面，使其急速加热，而后自冷淬火的工艺。其能量利用率可达 80%，远高于激光热处理的能量利用率。

这两种表面热处理工艺不受钢材种类的限制，淬火质量高、基体性能不变，是很有发展前景的热处理新工艺。

**想一想**

在本单元开头的"引导语"中举例的那根钢棒，为什么在相同条件下加热后，在水中冷却比在空气中冷却的硬度高呢？学习了本单元的内容后就能够回答这个问题了。这是因为水中冷却是淬火，空气中冷却是正火，分别得到不同的组织，钢淬火组织主要是马氏体，硬度高、耐磨性高，锉刀锉不动，而钢正火组织主要是珠光体，硬度、耐磨性都比马氏体低很多，用锉刀容易锉。另一个例子，软钢经化学热处理后可以划开玻璃，是因为软钢经化学热处理后表面硬度、耐磨性大幅度提高，表面硬度甚至已经超过玻璃的硬度，所以可以划开玻璃。这些都是热处理的神奇作用。大家想一想，还有哪些热处理的例子呢？

## 拓 展 阅 读

古代刀剑经历了从石器到青铜再到钢铁的发展，除了跟战争、社会形态、需求有关外，还与经济和科学技术的发展有关。春秋时期是我国铁器鼎盛时期，"削铁如泥""吹毛断发"用来形容刀剑的锋利。刀剑要有良好的韧性才不容易折断，只能用低碳钢，这就决定了它的硬度不可能太高，也不可能太锋利。怎样解决这个问题呢？古代发明了渗碳工艺，最早采用固体渗碳的方法，将低碳钢的刀剑装入有木炭的箱中，在高温下长时间加热保温，使刀剑表面吸收碳原子，含碳量提高，硬度也相应提高，而心部保留了低碳成分具有韧性，"表硬里韧""削铁如泥"也就有了可能。这些也体现了我国古代劳动人民的聪明与智慧。

**【创新思考】**

（1）举例说明热处理在日常生活和生产中的应用。

（2）甲、乙两厂同时生产一种 45 钢零件，硬度要求为 220～250 HBS。甲厂采用正火，乙厂采用调质，都达到了硬度的要求，请说明为什么不同的热处理方式可以达到相同的技术指标。请分析甲、乙两厂产品的组织和性能的差异。

## 综合训练

**一、名词解释**

1. 热处理。

2. 马氏体。

3. 退火。

4. 正火。

5. 淬火。

6. 淬透性。

7. 回火。

8. 表面淬火。

9. 渗碳。

**二、填空题**

1. 整体（普通）热处理分为_____、_____、_____和_____。

2. 热处理工艺过程由_____、_____和_____ 3 个阶段组成。

3. 常用的退火方法有_____、_____、_____和_____等。

4. 淬火方法有_____淬火、_____淬火、_____淬火和_____淬火等。

5. 常用的冷却介质有_____、_____、_____和_____等。

6. 按回火温度范围可将回火分为_____回火、_____回火和_____回火 3 种。

7. 根据加热方法的不同，表面淬火方法主要有_____淬火、_____淬火等。

8. 感应淬火，按电流频率的不同，可分为_____感应淬火、_____感应淬火和_____感应淬火 3 种。而且感应加热电流频率越高，淬硬层深度越_____。

9. 较多的化学热处理方法通常以渗入元素命名，如_____、_____、_____和_____等。

10. 化学热处理是由_____、_____和_____ 3 个基本过程所组成的。

11. 根据渗碳时介质的物理状态不同，渗碳方法可分为_____渗碳、_____渗碳和_____渗碳 3 种。

12. 球化退火的主要目的是_____，它适用于_____。

13. 确定钢的热处理加热温度的依据是_____，而确定过冷奥氏体冷却转变产物的依据是_____。

**三、选择题**

1. 过冷奥氏体是_____点温度下存在的、尚未转变的奥氏体。

A. $M_s$                 B. $M_f$                 C. $A_1$

2. 过共析钢的淬火加热温度应选择在_____，亚共析钢则应选择在_____。

A. $A_{c_1} + (30 \sim 50)$ ℃　　　　B. $A_{c_{cm}}$ 点以上　　　　C. $A_{c_3} + (30 \sim 50)$ ℃

3. 调质处理就是_____的热处理。

A. 淬火 + 低温回火　　　　B. 淬火 + 中温回火　　　　C. 淬火 + 高温回火

4. 化学热处理与其他热处理方法的基本区别是_____。

A. 加热温度　　　　B. 组织变化　　　　C. 改变表面化学成分

5. 零件渗碳后，一般需经_____处理，才能满足表面高硬度和高耐磨性的要求。

A. 淬火 + 低温回火　　　　B. 正火　　　　C. 调质

6. T12 钢正常淬火的组织是_____。

A. 马氏体 + 残余奥氏体

B. 马氏体 + 粒状碳化物

C. 马氏体

D. 马氏体 + 残余奥氏体 + 粒状碳化物

**四、判断题**

1. 淬火后的钢，随回火温度的提高，其强度和硬度也提高。　　　　（　　）

2. 钢的最高淬火硬度主要取决于钢的淬透性。　　　　（　　）

3. 钢中碳的质量分数越高，其淬火加热温度越高。　　　　（　　）

4. 高碳钢可用正火代替退火，以改善其切削加工性能。　　　　（　　）

5. 钢的晶粒因过热而粗化时，将产生变脆倾向。　　　　（　　）

6. 热应力是指钢件加热和（或）冷却时，由于不同部位出现温差而导致热胀和（或）冷缩不均所产生的内应力。　　　　（　　）

7. 同一钢材在相同加热条件下，总是水淬比油淬的淬透性好，小件比大件淬透性好。

（　　）

8. 高合金钢既具有良好的淬透性，也具有良好的淬硬性。　　　　（　　）

**五、简答题**

1. 如何正确选用退火和正火？

2. 经退火后的 45 钢（$w_C = 0.45\%$），室温组织为 F + P，分别加热到 650 ℃、750 ℃、850 ℃，保温一段时间后水冷，所得到的室温组织各是什么？

3. 淬火的目的是什么？亚共析钢和过共析钢的淬火加热温度应如何选择？

4. 分级淬火与等温淬火的主要区别是什么？

5. 工具、冷作模具及滚动轴承等工件为什么要进行淬火 + 低温回火处理？

6. 自行车坐垫弹簧为什么要进行淬火 + 中温回火处理？

7. 渗碳的目的是什么？为什么渗碳后要进行淬火和低温回火？

8. 分别用低碳钢（20 钢）和中碳钢（45 钢）两种材料制造齿轮，该齿轮要求表面具有高硬度和高耐磨性，心部具有一定的强度和韧性，各应采用怎样的热处理工艺？

9. 钢锉用 T12 钢（$w_C = 1.20\%$）制造，硬度要求为 60 ~ 64 HRC，其工艺路线为热轧钢板下料→正火→球化退火→机械加工→淬火、低温回火→校直。试问该工艺路线中每道热处理工艺的作用是什么。

10. 简述热处理在机械制造中的作用。

## 任务评价

任务评价见表 4 – 3。

表 4 – 3　任务评价表

| 评价目标 | 评价内容 | 完成情况 | 得分 |
|---|---|---|---|
| 素养目标 | 培养学生尊重事物内在规律的意识 | | |
| | 培养学生在成本、质量、效率、安全等方面的意识 | | |
| | 培养学生的职业精神、工匠精神 | | |
| 技能目标 | 能够根据工件的技术要求，制定相应的热处理工艺 | | |
| 知识目标 | 掌握钢在加热时的组织转变规律及其影响因素 | | |
| | 掌握钢在冷却时的组织转变规律、产物、形态特征及其性能 | | |
| | 掌握钢的整体热处理工艺的目的、适用范围、工艺参数、冷却介质的选择原则 | | |
| | 掌握钢的表面热处理的目的、作用及适用范围 | | |

# 学习单元五 碳钢

## 引导语

钢铁是当今世界用量最大的金属材料，它不仅广泛应用于建筑、桥梁、铁道、车辆、船舶和各种机械制造工业，还在近代石油化学工业、海洋开发等方面得到大量使用，它已经成为人们生产生活中不可或缺的重要材料。例如，一辆轿车大约用钢1.2 t，一辆货车大约用钢3.5 t，50 m² 的教室大约用钢2.5 t，桥梁用钢可达千吨。碳钢类型多样、性能差别很大、用途非常广泛。例如，锉刀是一种常用的工具，材质坚硬，可以锉削其他金属材料，那么锉刀是用什么材料制造的呢？100 多年前的钢铁巨轮泰坦尼克号为什么会在初次航行时就沉没了呢？这些问题都可以通过本单元的学习找到答案。

## 知识图谱

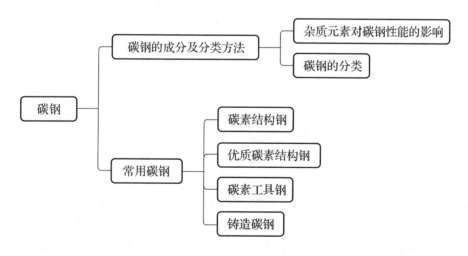

## 学习目标

知识目标

（1）掌握碳钢的分类方法。

（2）掌握碳钢牌号的编排原则。

（3）掌握各类碳钢的成分、热处理工艺、性能及常见用途。

技能目标

（1）能够识别碳素结构钢、优质碳素结构钢、碳素工具钢、铸造碳钢的牌号。

（2）能够针对各类碳钢，制定适当的热处理工艺。

（3）能够根据工件的性能要求合理选用碳钢。

素养目标

（1）培养学生的文明意识、效率意识、环保意识。

（2）培养学生的科学思维、创新思维能力。

# 学习模块一　碳钢的成分及分类方法

## 【案例导入】

1912 年 4 月 10 日，泰坦尼克号从英国南安普敦港出发开往美国纽约，开始了它的初次航行。泰坦尼克号是当时最豪华的邮轮，号称"永不沉没的船"，却在 1912 年 4 月 14 日 23 点 40 分左右，在北大西洋撞上冰山，仅 2 h 40 min 后就沉没了，造成了震惊世界的航海事故。那么造成这次事故的原因究竟是什么呢？

## 【知识内容】

按化学成分可将钢分为碳钢（碳素钢）、合金钢两大类。其中碳钢是指以铁为主要元素，碳的质量分数在 2.11% 以下，并含有少量的硅、锰、硫、磷等元素的金属材料。碳钢具有价格便宜、工艺性能好、力学性能满足一般使用要求的优点，在工业生产中用量大，约占工业用钢总量的 90%。

### 一、杂质元素对碳钢性能的影响

碳钢以铁和碳为主要元素，此外还有少量的杂质元素，如硅、锰、硫、磷等。这些杂质元素是由炼钢原料或在冶炼过程中带入的，无法完全去除。它们对碳钢的组织和性能都有一定的影响。

#### 1. 锰的影响

锰是炼钢时用锰铁脱氧后残留在碳钢中的杂质元素。在室温下，锰大部分能溶于铁素体中，使碳钢强化。锰的脱氧能力较好，能防止生成 FeO，降低碳钢的脆性。锰还能与硫化合生成 MnS，减轻硫的有害作用，改善碳钢的热加工性能。因此，锰在碳钢中是有益元素。

#### 2. 硅的影响

硅是作为脱氧剂带入碳钢中的。硅的脱氧能力比锰强，可防止生成 FeO，改善碳钢的质量。硅还可溶于铁素体中，提高碳钢的强度、硬度和弹性，但会使碳钢的塑性和韧性降低。总体而言，硅也是碳钢中的有益元素。

### 3. 硫的影响

硫是在炼钢时由矿石原料和燃料带入碳钢中的，它不溶于铁素体，以化合物 FeS 的形式存在于碳钢中。FeS 与 Fe 形成低熔点共晶体（熔点为 985 ℃）。当碳钢加热到 1 100 ~ 1 200 ℃进行锻、轧等热加工时，低熔点共晶体熔化会导致碳钢变脆、开裂，这种现象称为热脆。因此，硫在碳钢中是有害元素，会导致碳钢热脆，必须对硫严格控制。

### 4. 磷的影响

碳钢中的磷主要来自矿石原料。磷在常温下可溶于铁素体，提高碳钢的硬度、强度，但也会使碳钢的塑性、韧性下降，使碳钢变脆。这种变脆现象在低温时更为严重，称为冷脆。因此，磷在碳钢中是有害元素，会导致碳钢冷脆，必须对磷严格控制。

## 二、碳钢的分类

碳钢的分类方法很多，主要有以下几种。

#### 1. 按碳钢中碳的质量分数分

（1）低碳钢 $w_C < 0.25\%$。

（2）中碳钢 $w_C$ 为 $0.25\% \sim 0.60\%$。

（3）高碳钢 $w_C > 0.60\%$。

#### 2. 按碳钢的质量等级分

碳钢中有害杂质元素硫、磷含量越少，碳钢的质量就越好。根据硫和磷的含量可分为以下几种。

（1）普通质量碳钢（硫的质量分数 $\geq 0.045\%$，磷的质量分数 $\geq 0.045\%$）。

普通质量碳钢是指不规定生产过程中需要特别控制质量要求的钢种，主要包括一般用途碳素结构钢、碳素钢筋钢、铁道用一般碳钢等。

（2）优质碳钢（硫、磷含量比普通质量碳钢少）。

优质碳钢是指除普通质量碳钢和特殊质量碳钢以外的碳钢。此类碳钢在生产过程中需要特别控制质量（如控制晶粒度，降低硫、磷含量，改善表面质量等），以达到比普通质量碳钢特殊的质量要求（如有良好的抗脆断性能和冷成形性等），但其生产中的质量控制不如特殊质量碳钢。这种碳钢主要包括机械结构用优质碳钢、工程结构用碳钢、冲压低碳结构钢、焊条用碳钢、非合金易切削结构钢、优质铸造碳钢等。

（3）特殊质量碳钢（硫的质量分数 $\leq 0.020\%$，磷的质量分数 $\leq 0.020\%$）。

特殊质量碳钢是指在生产过程中需要特别严格控制质量和性能（如控制淬透性和纯洁度等）的碳钢。主要包括保证淬透性碳钢、铁道用特殊碳钢、航空和兵器等专用碳钢、核压力容器用碳钢、特殊焊条用碳钢、碳素弹簧钢、碳素工具钢、特殊易切削钢等。

#### 3. 按用途分

（1）碳素结构钢：主要用于制造各种机械零件和工程结构，一般属于低、中碳钢。

（2）优质碳素结构钢：此类钢中非金属夹杂物较少，主要用于制造机械零件。

（3）碳素工具钢：主要用于制造刃具、模具、量具等，一般属于高碳钢。

（4）铸造碳钢：主要用于制造形状复杂、力学性能要求高的机械零件。

**想一想**

大家想一想本学习模块开头的"案例导入"中提出的问题，泰坦尼克号海难事故的真正原因是什么呢？经过对泰坦尼克号船体残骸的分析发现，由于当时的炼钢技术不成熟，制造船体的钢材中杂质元素过多（特别是磷元素），磷作为钢中的有害杂质元素会导致钢材的冷脆，所以船体钢板韧性很差，与冰山相撞后导致严重断裂，最终导致事故发生。所以提高冶炼水平，减少钢中有害杂质元素，可有效提高钢的质量。

## 拓展阅读

炼钢是整个钢铁工业生产过程中最重要的环节。炼钢是指利用不同来源的氧（如空气、氧气）来氧化炉料（主要是生铁）所含杂质的提纯过程，其主要工艺过程包括氧化去除硅、磷、碳，脱硫、脱氧和合金化等。炼钢以生铁（铁液或生铁锭）和废钢为主要原料，此外，还需要加入熔剂（石灰石、氟石）、氧化剂（$O_2$、铁矿石）和脱氧剂（铝、硅铁、锰铁）等。炼钢的主要任务是根据所炼钢种的要求，把生铁熔化成液体，或直接将高炉铁液注入高温的炼钢炉中，利用氧化作用将碳及其他杂质元素减少到规定的化学成分范围内，最终达到钢材所要求的金属成分组成，即获得需要的钢材。所以，炼钢过程基本上是一个氧化过程。氧化过程中产生的炉渣很容易与钢液分离，产生的气体可以逸出，留下的金属熔体就是合格的钢液。将钢液浇注成钢锭或连铸坯，再经过热轧或冷轧，可制成各种类型的型钢或型材。

## 【创新思考】

了解一下地球上常见金属的使用年限，有什么好建议、好措施，能够更好地发挥地球上的有限资源？

## 学习模块二 常用碳钢

## 【案例导入】

T12钢的锉刀，材质坚硬，可以锉削其他金属材料，而20钢的铁丝却很柔软，可以用来捆扎物品。T12钢和20钢都是碳钢，为什么性能差别却很大呢？本模块将学习常用碳钢的成分、性能、热处理和用途。

## 【知识内容】

### 一、碳素结构钢

碳素结构钢的牌号由屈服强度首字母Q、屈服强度数值、质量等级符号、脱氧方法四部分按顺序组成。质量等级分A、B、C、D四级，质量依次提高。脱氧方法用F、b、Z、

TZ 分别表示沸腾钢、半镇静钢、镇静钢和特殊镇静钢，在牌号中 Z 和 TZ 可以省略。例如，Q235AF，表示屈服强度大于或等于235 MPa，质量等级为 A 级的沸腾碳素结构钢。碳素结构钢的牌号、化学成分和力学性能见表 5-1。

表 5-1　碳素结构钢的牌号、化学成分和力学性能

| 牌号 | 质量等级 | $w_C$/% | $R_{eH}$/MPa | $R_m$/MPa | $A$（厚度或直径 ≤40 mm）/% |
|---|---|---|---|---|---|
| Q195 | | ≤0.12 | ≥195 | 315～430 | ≥33 |
| Q215 | A | ≤0.15 | ≥215 | 335～450 | ≥31 |
| | B | | | | |
| Q235 | A | ≤0.22 | ≥235 | 370～500 | ≥26 |
| | B | ≤0.20 | | | |
| | C | ≤0.17 | | | |
| | D | | | | |
| Q275 | A | ≤0.24 | ≥275 | 410～540 | ≥22 |
| | B | ≤0.22 | | | |
| | C | ≤0.20 | | | |
| | D | ≤0.20 | | | |

注：数据摘自国标《碳素结构钢》(GB/T 700—2006)。

碳素结构钢一般含碳量低（0.06%～0.38%），含硫、磷杂质较多，具有较好的塑性、韧性和焊接性能，一般轧成圆钢、钢管、钢板、角钢、钢筋、线材等型材，如图 5-1、图 5-2 所示，不需热处理，可直接使用，在各类工程中应用广泛（约占用钢总量的 70% 以上）。碳素结构钢 Q195 钢、Q215 钢塑性好，焊接性好，一般轧制成板带材和型材，也可制作铆钉、螺钉、轻负荷的冲压件和焊接结构件等；Q235 钢强度稍高，可制作螺栓、螺母、轴套等不太重要的机械零件及工程结构（如桥梁、高压线塔、金属构件、建筑构架等）；Q275 钢强度较高，可部分代替优质碳素结构钢 25 钢、30 钢、35 钢使用，制作链轮、拉杆、小轴活塞销、轻轨鱼尾板等普通零件。

图 5-1　线材

图 5-2　角钢

### 二、优质碳素结构钢

优质碳素结构钢所含硫、磷及其他杂质比碳素结构钢少，碳的质量分数波动范围也较小，力学性能比较均匀，塑性和韧性都比较好，一般都要经过热处理之后才能使用，适用于制造机械零件。

优质碳素结构钢牌号用两位阿拉伯数字表示。两位阿拉伯数字表示钢中平均碳质量分数的 1 万倍。例如，20 钢，表示钢中平均 $w_C = 0.20\%$；08 钢，表示钢中平均 $w_C = 0.08\%$。优质碳素结构钢按含锰量不同，分为普通含锰量（$w_{Mn} = 0.25\% \sim 0.8\%$）和较高含锰量（$w_{Mn} = 0.7\% \sim 1.2\%$）两组，较高含锰量的一组牌号数字后加 Mn 字母，如 65Mn 钢。优质碳素结构钢的牌号、力学性能、热处理工艺和用途举例见表 5 – 2。

表 5 – 2　优质碳素结构钢的牌号、力学性能、热处理工艺和用途举例

| 牌号 | 推荐热处理温度/℃ | | | $R_m$/MPa | $R_{eL}$/MPa | $A$/% | $Z$/% | $K_{U_2}$/J | 用途举例 |
|---|---|---|---|---|---|---|---|---|---|
| | 正火 | 淬火 | 回火 | 不小于 | | | | | |
| 08 | 930 | | | 325 | 195 | 33 | 60 | | 塑性好，可制造冲压件、焊接件、紧固件等，如容器、搪瓷制品、螺栓、螺母、垫圈、法兰盘、钢丝、轴套等。部分钢经渗碳淬火后可制造强度不高的耐磨件，如凸轮、滑块、活塞销等 |
| 10 | 930 | | | 335 | 205 | 31 | 55 | | |
| 15 | 920 | | | 375 | 225 | 27 | 55 | | |
| 20 | 910 | | | 410 | 245 | 25 | 55 | | |
| 25 | 900 | 870 | 600 | 450 | 275 | 23 | 50 | 71 | |
| 30 | 880 | 860 | 600 | 490 | 295 | 21 | 50 | 63 | 综合力学性能较好，可制造负荷较大的零件，如连杆、螺杆、螺母、轴销、曲轴、传动轴、活塞杆、飞轮、表面淬火齿轮、凸轮、链轮等 |
| 35 | 870 | 850 | 600 | 530 | 315 | 20 | 45 | 55 | |
| 40 | 860 | 840 | 600 | 570 | 335 | 19 | 45 | 47 | |
| 45 | 850 | 840 | 600 | 600 | 355 | 16 | 40 | 39 | |
| 50 | 830 | 830 | 600 | 630 | 375 | 14 | 40 | 31 | |
| 55 | 820 | 820 | 600 | 645 | 380 | 13 | 35 | | |
| 60 | 810 | | | 675 | 400 | 12 | 35 | | 屈服强度高，硬度高，可制造弹性零件（如各种螺旋弹簧、板簧等）及耐磨零件（如轧辊、钢丝绳、偏心轮、轴、凸轮、离合器等） |
| 65 | 810 | | | 695 | 410 | 10 | 30 | | |
| 70 | 790 | | | 715 | 420 | 9 | 30 | | |
| 75 | | 820 | 480 | 1 080 | 880 | 7 | 30 | | |
| 80 | | 820 | 480 | 1 080 | 930 | 6 | 30 | | |
| 85 | | 820 | 480 | 1 130 | 980 | 6 | 30 | | |

续表

| 牌号 | 推荐热处理温度/℃ | | | $R_m$/MPa | $R_{eL}$/MPa | $A$/% | $Z$/% | $K_{U_2}$/J | 用途举例 |
|------|------|------|------|------|------|------|------|------|------|
| | 正火 | 淬火 | 回火 | 不小于 | | | | | |
| 15Mn | 920 | | | 410 | 245 | 26 | 55 | | |
| 20Mn | 910 | | | 450 | 275 | 24 | 50 | | |
| 25Mn | 900 | 870 | 600 | 490 | 295 | 22 | 50 | 71 | 可制作渗碳零件、受磨损零件及较大尺寸的各种弹性元件，或要求强度稍高的零件等 |
| 30Mn | 880 | 860 | 600 | 540 | 315 | 20 | 45 | 63 | |
| 35Mn | 870 | 850 | 600 | 560 | 335 | 18 | 45 | 55 | |
| 40Mn | 860 | 840 | 600 | 590 | 355 | 17 | 45 | 47 | |
| 45Mn | 850 | 840 | 600 | 620 | 375 | 15 | 40 | 39 | |
| 50Mn | 830 | 830 | 600 | 645 | 390 | 13 | 40 | 31 | |
| 60Mn | 810 | | | 695 | 410 | 11 | 35 | | |
| 65Mn | 810 | | | 735 | 430 | 9 | 30 | | |
| 70Mn | 790 | | | 785 | 450 | 8 | 30 | | |

注：数据摘自国标《优质碳素结构钢》（GB/T 699—2015）。

　　此类钢中的 08 钢，碳的质量分数低，塑性好，强度低，主要用于冷冲压件，如汽车和仪器仪表外壳；10 钢~25 钢冷塑性变形和焊接性好，可用于强度要求不高的零件及渗碳零件，如机罩、焊接容器、小轴、螺母、垫圈及渗碳齿轮（见图 5-3）等；30 钢~55 钢经调质处理后可获得良好的综合力学性能，主要用于受力较大的机械零件，如齿轮、连杆、机床主轴等；60 钢~85 钢具有较高的强度，可用于制造各种弹簧（见图 5-4）、机车轮缘和低速车轮等。

图 5-3　渗碳齿轮

图 5-4　弹簧

## 三、碳素工具钢

　　碳素工具钢中碳的质量分数为 0.65%~1.35%，有害杂质元素硫、磷含量较少，质量较高，都是优质钢或高级优质钢。碳素工具钢具有高的硬度和耐磨性，生产成本低，加工性能优良，但热硬性、淬透性都较低，适用于制造各种低速切削、小型简单的工具。此类钢一般以退火状态供应于市场，使用时再进行适当的热处理。

    碳素工具钢的牌号以"碳"字的汉语拼音首字母 T 开头，其后的数字表示平均碳的质量分数的千分数，牌号后不加 A 的是优质组，牌号后加 A 的是高级优质组。例如，T8 钢表示平均碳质量分数为 0.8% 的碳素工具钢，质量等级为优质；T8A 钢表示平均碳质量分数为 0.8% 的碳素工具钢，质量等级为高级优质。

    随着碳质量分数的增加，碳素工具钢的硬度和耐磨性提高，而韧性下降，用途也有所不同。T7 钢、T8 钢一般用于制造较高韧性、承受冲击载荷的工具，如小型冲头、凿子、锤子、斧子等；T9 钢、T10 钢、T11 钢用于制造中等韧性的工具，如钻头、丝锥、车刀、冲模、锯条等；T12 钢、T13 钢具有高硬度、高耐磨性，但韧性低，用于制造不受冲击的工具，如量规、塞规、样板、锉刀（见图 5 - 5）、刮刀、精车刀等。碳素工具钢的牌号、化学成分、热处理工艺和用途举例见表 5 - 3。

图 5 - 5　锉刀

表 5 - 3　碳素工具钢的牌号、化学成分、热处理工艺和用途举例

| 牌号 | 化学成分 | 热处理工艺 | | | 用途举例 |
|---|---|---|---|---|---|
| | $w_C$/% | 淬火温度/℃<br>冷却介质 | 回火<br>温度/℃ | 回火后硬度<br>不低于/HRC | |
| T7、<br>T7A | 0.65 ~ 0.74 | 800 ~ 820<br>水 | 180 ~ 200 | 62 | 可制造能承受冲击、韧性较好、硬度适当的工具，如扁铲、大锤、木工工具、钳工工具等 |
| T8、<br>T8A | 0.75 ~ 0.84 | 780 ~ 800<br>水 | 180 ~ 200 | 62 | 可制造能承受一定冲击、要求较高硬度与耐磨性的工具，如木工工具斧、凿、圆盘锯、压缩空气锤、铆钉冲模、钳工装配工具等 |
| T9、<br>T9A | 0.85 ~ 0.94 | 760 ~ 780<br>水 | 180 ~ 200 | 62 | 可制造有一定韧性和硬度较高的工具，如冲模、冲头、木工工具、农机切割零件、刀片等 |
| T10、<br>T10A | 0.95 ~ 1.04 | 760 ~ 780<br>水 | 180 ~ 200 | 62 | 可制造不受剧烈冲击、高硬度、高耐磨性的工具，如车刀、刨刀、冲头、手锯锯条、钳工刮刀等 |

| 牌号 | 化学成分 | 热处理工艺 | | | 用途举例 |
|------|----------|------------|------|------|----------|
| | $w_C/\%$ | 淬火温度/℃ 冷却介质 | 回火温度/℃ | 回火后硬度不低于/HRC | |
| T11、T11A | 1.05~1.14 | 760~780 水 | 180~200 | 62 | 可制造不受剧烈冲击、高硬度、高耐磨性的工具，如丝锥，锉刀，刮刀，尺寸不大、形状简单的冷冲模及木工工具等 |
| T12、T12A | 1.15~1.24 | 760~780 水 | 180~200 | 62 | 可制造不承受冲击、高硬度、高耐磨性的工具，如锉刀、刮刀、车刀、丝锥、钻头、板牙、量规、冷切边模等 |
| T13、13A | 1.25~1.35 | 760~780 水 | 180~200 | 62 | 可制造不承受冲击、高硬度、高耐磨性的工具，如刮刀、锉刀、刻纹工具、硬石加工工具、雕刻用工具等 |

## 四、铸造碳钢

铸钢是冶炼后直接铸造成形而不需锻压成形的钢。铸钢牌号用"铸钢"两字的拼音首字母 ZG 后加两组数字表示，第一组数字表示最低屈服强度，第二组数字表示最低抗拉强度。例如，ZG200-400 钢表示 $R_e \geqslant 200$ MPa，$R_m \geqslant 400$ MPa 的铸钢。

铸造碳钢是铸钢中的一种，碳的质量分数一般为 0.15%~0.60%，其铸造性能比铸铁差，但力学性能比铸铁好，主要用于制造形状复杂、力学性能要求高、难以用锻压方法成形的大型零件，如汽车变速箱壳、轴承盖、机车车架、大齿轮、机车车辆的车钩等。

工程用铸造碳钢的牌号、化学成分、室温力学性能和用途举例见表 5-4。

表 5-4 工程用铸造碳钢的牌号、化学成分、室温力学性能和用途举例

| 牌号 | 化学成分 $w_C/\%$ | | | | | 室温力学性能 | | | | 主要特性 | 用途举例 |
|------|------|------|------|------|------|------|------|------|------|----------|----------|
| | C | Si | Mn | P | S | $R_{eH}$/MPa | $R_m$/MPa | $A/\%$ | $A_{KV}$/J | | |
| | 不大于 | | | | | 不小于 | | | | | |
| ZG200-400 | 0.20 | 0.60 | 0.80 | 0.035 | 0.035 | 200 | 400 | 25 | 30 | 良好的塑性、韧性和焊接性 | 受力不大、要求韧性好的零件，如机座、变速箱壳等 |
| ZG230-450 | 0.30 | 0.60 | 0.90 | 0.035 | 0.035 | 230 | 450 | 22 | 25 | | |

续表

| 牌号 | 化学成分 $w_C$/% | | | | | 室温力学性能 | | | | 主要特性 | 用途举例 |
|---|---|---|---|---|---|---|---|---|---|---|---|
| | C | Si | Mn | P | S | $R_{eH}$/MPa | $R_m$/MPa | $A$/% | $A_{KV}$/J | | |
| | 不大于 | | | | | 不小于 | | | | | |
| ZG270 – 500 | 0.40 | 0.60 | 0.90 | 0.035 | 0.035 | 270 | 500 | 18 | 22 | 较好的强度、塑性、焊接性 | 轧钢机架、模具、箱体、缸体、连杆、曲轴等 |
| ZG310 – 570 | 0.50 | 0.60 | 0.90 | 0.035 | 0.035 | 310 | 570 | 15 | 15 | 较高的硬度、强度和耐磨性，切削性能中等，焊接性差 | 齿轮、棘轮、叉头、车轮等 |
| ZG340 – 640 | 0.60 | 0.60 | 0.90 | 0.035 | 0.035 | 340 | 640 | 10 | 10 | | |

**想一想**

大家想一想本学习模块开头的"案例导入"中提出的问题：T12 钢和 20 钢都是碳钢，为什么性能差别却很大呢？这是因为钢的含碳量不同，类别不同，性能和用途也不同。T12 钢属于碳素工具钢，是高碳钢，经淬火、低温回火后，硬度高、耐磨性好，适合制造锉刀；而 20 钢属于优质碳素结构钢，是低碳钢，硬度低，但塑性、韧性好，适合用来捆扎物品。

## 拓展阅读

钢被誉为"工业之粮食，大国之筋骨"。1996 年我国粗钢产量突破 1 亿 t，从此我国钢铁行业正式进入快速发展时代，此后连续 26 年保持粗钢产量世界第一，还不断有品类突破，今天已经能够冶炼包括高温合金、精密合金在内的 1 000 多个钢种，轧制加工超过 4 000 种规格的钢材，这在世界范围绝无仅有。目前，我国的钢铁产量占世界总产量的 50% 以上，这些数据都说明我国已是钢铁大国。但是按照行业共识，一个国家要完成工业化进程，人均钢铁蓄积量要超过 10 t，而现在我国人均钢铁蓄积量不足 8 t，我国钢铁行业的发展任重而道远。虽然我国现在还不能算是钢铁强国，但是正在朝着钢铁强国的目标奋力迈进。

## 【创新思考】

（1）请说出你在生产或生活中熟悉的钢制品。

（2）为何以上这些制品要用钢制造？

（3）以上制品若用其他材料替代，你认为哪种合适？

## 综合训练

### 一、名词解释

1. 热脆。

2. 冷脆。

### 二、填空题

1. 碳钢中所含的有害杂质元素主要是＿＿＿＿＿＿、＿＿＿＿＿＿。

2. 碳钢按钢中碳的质量分数可分为＿＿＿＿＿＿、＿＿＿＿＿＿、＿＿＿＿＿＿三类。

3. 碳钢按钢的质量等级可分为＿＿＿＿＿＿、＿＿＿＿＿＿、＿＿＿＿＿＿三类。

4. 碳钢按钢的用途可分为＿＿＿＿＿＿、＿＿＿＿＿＿、＿＿＿＿＿＿、＿＿＿＿＿＿四类。

5. T12A 钢按用途分类属于＿＿＿＿＿＿钢，按碳的质量分数分类属于＿＿＿＿＿＿钢，按主要质量等级分类属于＿＿＿＿＿＿钢。

6. 45 钢按用途分类属于＿＿＿＿＿＿钢，按碳的质量分数分类属于＿＿＿＿＿＿钢，按主要质量等级分类属于＿＿＿＿＿＿钢。

### 三、选择题

1. 08F 牌号中，08 表示其平均碳质量分数为＿＿＿＿＿＿。

A. 0.08%　　　　　　　　B. 0.8%　　　　　　　　C. 8%

2. 普通质量碳钢、优质碳钢和特殊优质碳钢是按＿＿＿＿＿＿进行区分的。

A. 主要质量等级　　　　　　　　　　　B. 主要性能

C. 使用特性　　　　　　　　　　　　　D. 三者综合考虑

3. 在下列 3 种钢中，＿＿＿＿＿＿钢的弹性最好，＿＿＿＿＿＿钢的硬度最高，＿＿＿＿＿＿钢的塑性最好。

A. T10 钢　　　　　　　　B. 20 钢　　　　　　　　C. 65 钢

4. 选择制造下列零件的材料：冷冲压件用＿＿＿＿＿＿，齿轮用＿＿＿＿＿＿，小弹簧用＿＿＿＿＿＿。

A. 08F 钢　　　　　　　　B. 70 钢　　　　　　　　C. 45 钢

5. 选择制造下列工具所用的材料：木工工具用＿＿＿＿＿＿，锉刀用＿＿＿＿＿＿，手锯锯条用＿＿＿＿＿＿。

A. T8A 钢　　　　　　　　B. T10 钢　　　　　　　　C. T12 钢

### 四、判断题

1. T10 钢中碳的质量分数是 10%。　　　　　　　　　　　　　　　　　（　　　）

2. 高碳钢的质量优于中碳钢，中碳钢的质量优于低碳钢。　　　　　　　（　　　）

3. 碳素工具钢的质量等级都是优质或高级优质。　　　　　　　　　　　（　　　）

4. 碳素工具钢的碳质量分数一般都大于 0.6%，属于高碳钢。　　　　　（　　　）

### 五、简答题

1. 为什么在碳钢中要严格控制硫、磷元素的质量分数？
2. 碳钢中碳的质量分数不同，对其力学性能及应用有何影响？

## 任务评价

任务评价见表 5 – 5。

表 5 – 5　任务评价表

| 评价目标 | 评价内容 | 完成情况 | 得分 |
|---|---|---|---|
| 素养目标 | 培养学生的文明意识、效率意识、环保意识 | | |
| | 培养学生的科学思维、创新思维能力 | | |
| 技能目标 | 能够识别碳素结构钢、优质碳素结构钢、碳素工具钢、铸造碳钢的牌号 | | |
| | 能够针对各类碳钢，制定适当的热处理工艺 | | |
| | 能够根据工件的性能要求合理选用碳钢 | | |
| 知识目标 | 掌握碳钢的分类方法 | | |
| | 掌握碳钢牌号的编排原则 | | |
| | 掌握各类碳钢的成分、热处理工艺、性能及常见用途 | | |

# 学习单元六　合金钢

引导语

　　20世纪，人类已经掌握了合金形成的原理。在炼钢时，有目的地加入不同的合金元素，可冶炼得到性能不同的各类合金钢，以满足工程上对材料性能的要求。合金钢的产量约占钢总产量的10%，是国民经济和国防建设大量使用的重要金属材料。试问国家体育场——"鸟巢"、汽车变速齿轮、钻头、医用手术刀等都是用什么钢制造的呢？通过本单元的学习可以找到问题的答案。

知识图谱

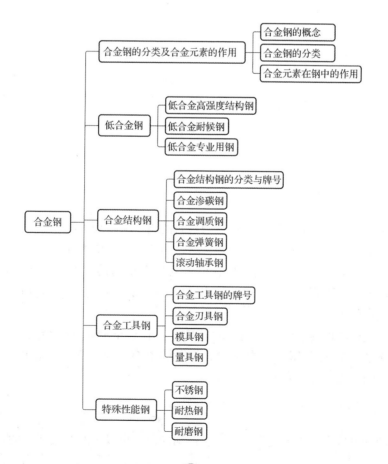

## 学习目标

知识目标

(1) 掌握合金钢的分类方法。

(2) 掌握合金钢牌号的编排原则。

(3) 掌握合金钢的类别、化学成分、性能、热处理工艺和常见用途。

技能目标

(1) 能够识别合金钢的牌号。

(2) 能够合理选用合金钢。

(3) 能够根据技术要求为合金钢制定相应的热处理工艺。

素养目标

(1) 培养学生的爱国热情。

(2) 培养学生的科学研究精神、工匠精神、创新精神。

## 学习模块一  合金钢的分类及合金元素的作用

### 【案例导入】

1913 年第一次世界大战，布雷利尔受雇于英国政府军部兵工厂，在研究枪管耐磨钢的过程中却误打误撞发明了不锈钢，开启了现代合金钢的发展时代。合金钢就像一盘美味的菜肴，主要原料是铁碳合金，烹调时要加入各种调味料，即不同的合金元素，还需要火候到位，也就是适当的热处理，这几方面缺一不可，那么合金元素在合金钢中发挥了什么样的作用呢？

### 【知识内容】

#### 一、合金钢的概念

随着科学和工程技术的不断发展，对钢材的性能要求越来越高，如更高的强度、耐磨性、耐蚀性、抗氧化性、淬透性等。例如，高速切削的刀具要求其比一般的刀具具有更高的热硬性；某些特殊条件下工作的零件，要求其具有更高的耐腐蚀、抗氧化、耐磨等性能。这些性能要求是碳钢所不能满足的。因此，为了满足这些对钢材性能越来越高的要求，合金钢应运而生。

为了改善或提高钢的性能，在碳钢的基础上，有意添加某些合金元素所冶炼而成的钢，称为合金钢。在合金钢中，常用的合金元素有硅、锰、铬、镍、钼、钨、钒、铌、锆、钴、铝、铜、硼及稀土元素等。

#### 二、合金钢的分类

合金钢的种类繁多，为了便于研究、生产和使用，可以按照合金元素的含量、用途等对其进行分类。

### 1. 按合金元素的含量分类

合金钢按合金元素的含量可分为低合金钢（合金元素总量 <5%）、中合金钢（合金元素总量为 5%~10%）和高合金钢（合金元素总量 >10%）三类。

### 2. 按合金钢的用途分类

合金钢按用途可分为合金结构钢、合金工具钢和特殊性能钢三类。

（1）合金结构钢主要用于制造各种机器零件，如轴类零件、齿轮、弹簧和轴承等，按用途可分为合金渗碳钢、合金调质钢、合金弹簧钢和滚动轴承钢等。

（2）合金工具钢主要用于制造各种刀具、模具和量具，按用途可分为刀具钢、量具钢和模具钢。除模具钢中包含中碳合金钢外，合金工具钢一般多属于高碳合金钢。

（3）特殊性能钢主要用于各种要求特殊的场合，如化学工业用的不锈耐酸钢和核电站用的耐热钢等，按性能可分为不锈钢、耐热钢和耐磨钢等。

## 三、合金元素在钢中的作用

合金元素在钢中的作用是非常复杂的，它不仅与钢中的铁和碳两个基本组元发生作用，而且合金元素彼此之间也相互作用，从而影响钢的组织和相变的过程，进而提高和改善钢的性能。下面简单讨论合金元素最基本的作用。

### 1. 合金元素在钢中的存在形式及作用

（1）溶于铁素体。几乎所有的合金元素（除铅）都能溶入铁素体中，形成合金铁素体。由于合金元素的原子大小和晶格类型与铁不同，因此会引起铁素体的晶格畸变，从而提高铁素体的强度和硬度，但也降低了铁素体的塑性和韧性。

与铁素体有相同晶格类型的合金元素（如铬、钼、钨、钒、铌等）强化铁素体的作用较弱；而与铁素体具有不同晶格类型的合金元素（如硅、锰、镍等）强化铁素体的作用较强。当硅、锰的质量分数低于 1% 时，既能强化铁素体，又不会明显降低它的韧性。

（2）形成合金碳化物。按照合金元素与钢中碳元素之间的相互作用，可将合金元素分为碳化物形成元素和非碳化物形成元素。按碳化物形成元素与碳结合的能力，由强到弱依次排列为：钛、锆、铌、钒、钨、钼、铬、锰等。它们所形成的合金碳化物有 $NbC$、$VC$、$TiC$、$ZrC$、$Cr_7C_3$、$(Fe，Cr)_3C$、$(Fe，W)_3C$ 等，这些合金碳化物硬度很高，能显著提高钢的强度、硬度和耐磨性。

### 2. 合金元素对钢的热处理的影响

大多数合金元素要通过热处理才能发挥作用，除低合金钢外，其他合金钢一般都要经过热处理才能使用。

（1）合金元素对加热转变的影响。

① 减缓奥氏体的形成过程。

合金钢在加热形成奥氏体的过程中，由于合金元素（除镍和钴外）与碳结合形成合金碳化物，因此显著减缓了碳原子向奥氏体中的扩散速度，而且合金碳化物比较稳定，不易溶入奥氏体中，也大幅度减缓了奥氏体的形成速度。为了获得均匀的奥氏体，大多数合金钢需要采用比碳钢更高的加热温度和更长的保温时间来进行热处理。

② 阻止奥氏体晶粒长大。

大多数合金元素（除锰、硼外）所形成的合金碳化物分布在奥氏体晶界上，有阻碍奥氏体晶粒长大、细化晶粒的作用。因此，大多数合金钢（除含锰、硼的合金钢外）在加热时不宜过热，这样有利于合金钢淬火时获得细马氏体组织；也可以通过提高加热温度，使奥氏体中溶入更多的合金元素，从而提高钢的淬透性和力学性能。

（2）合金元素对冷却转变的影响。除钴外，所有的合金元素溶入奥氏体中以后，都能提高奥氏体的稳定性，降低钢的临界冷却速度，提高钢的淬透性。因此，合金钢可以采用冷却能力较弱的淬火介质（如机油、熔盐等）进行淬火，这样可以减少形状复杂工件在淬火时的变形或开裂倾向。

（3）合金元素对回火转变的影响。

① 提高淬火钢的耐回火性。

淬火钢在回火时抵抗软化的能力称为耐回火性。由于合金元素在回火过程中阻碍了马氏体分解及碳化物析出，因此，提高了钢的耐回火性。所以在相同的回火温度下，相同含碳量的合金钢，其硬度高于碳钢的硬度。

② 产生二次硬化。

含有较多钨、钼、钒的合金钢，在 500 ~ 600 ℃回火时，从马氏体中析出的高硬度合金碳化物（如 $Mo_2C$、$W_2C$、VC 等）使钢的硬度升高。合金钢在一次或多次回火后硬度上升的现象称为二次硬化。二次硬化对于需要高热硬性的合金工具钢有重要意义。图 6 - 1 所示为钼含量对钢回火硬度的影响。

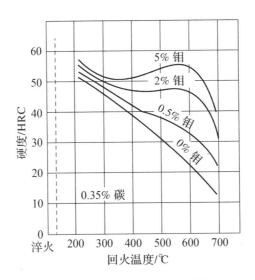

图 6 - 1 钼含量对钢回火硬度的影响

**想一想**

大家想一想本学习模块开头的"案例导入"中提出的问题:"合金元素在合金钢中发挥了什么样的作用呢"。学习了本模块,能够知道合金元素可以提高钢的淬透性和耐回火性,细化奥氏体晶粒,固溶强化铁素体,因此,合金钢的性能比碳钢更优良,适用于更高要求的场合。

## 拓 展 阅 读

我国是世界上稀土矿资源最丰富的国家,我国稀土储量约占全世界储量的1/3。我国主要稀土资源产地是内蒙古、江西、广东、四川、山东等地区。稀土是镧、铈、镨、钕、铕、钇等17种金属的总称,其中含量最高的是铈,但这些元素总是难分难离地共生在一起。稀土可以显著地提高耐热钢、不锈钢、工具钢、磁性材料、超导材料、铸铁等的使用性能,所以,专家将稀土称为金属材料的"维生素"和"味精"。

## 【创新思考】

(1)你知道稀土的主要应用领域有哪些吗?

(2)你知道稀土为什么称为是一种足以媲美石油的战略资源吗?

## 学习模块二　低合金钢

## 【案例导入】

国家体育场,又称"鸟巢",如图6-2所示。"鸟巢"呈椭圆形,建筑平面296.4 m×323.3 m,建筑最高68.5 m,最低42.8 m,整个建筑呈鸟巢形状。作为2008年北京奥运会的主场馆,其结构科学简洁,设计新颖独特,成为举世瞩目的标志性建筑。"鸟巢"的钢结构工程用的是哪种钢呢?

图6-2　国家体育场

## 【知识内容】

低合金钢是一类合金元素含量在5%以下，具有良好焊接性的低碳结构钢种，通常在热轧或正火状态下，以板、带、型、管等形式直接使用。

### 一、低合金高强度结构钢

根据国标《低合金高强度结构钢》（GB/T 1591—2018），钢的牌号由代表屈服强度的"屈"字的拼音首字母Q、规定的最小上屈服强度数值、交货状态代号、质量等级符号（B、C、D、E、F）四部分按顺序组成。例如，Q355ND，表示上屈服强度$R_{eH} \geqslant 355$ MPa、交货状态为正火或正火轧制、质量等级为D级的低合金高强度结构钢。低合金高强度结构钢主要有Q355、Q390、Q420、Q460、Q500、Q550、Q620、Q690系列。

低合金高强度结构钢的合金元素以锰为主，此外，还有钒、钛、铝、铌等元素。与碳钢相比具有较高的强度、韧性、耐蚀性及良好的焊接性，而且价格与碳钢接近，广泛用于制造桥梁、车辆、船舶等。常用低合金高强度结构钢的牌号、性能特点及应用见表6-1。

表6-1　常用低合金高强度结构钢的牌号、性能特点及应用（GB/T 1591—2018）

| 牌号 | 性能特点 | 应用 |
|---|---|---|
| Q355 | 综合力学性能好，焊接性、冷热加工性能和耐蚀性能好，C、D、E级具有良好的低温韧性 | 船舶、锅炉、压力容器、石油储罐、桥梁、电站设备、起重运输机械及其他较高载荷的焊接结构件 |
| Q390 | | |
| Q420 | 强度高，特别是经正火或正火+回火后有较高的综合力学性能 | 大型船舶，桥梁，电站设备，中、高压锅炉，高压容器，机车车辆，起重机械，矿山机械及其他大型焊接结构件 |
| Q460 | 强度高，经正火或淬火+回火后有很高的综合力学性能，冶炼时用铝脱氧，质量等级为C、D、E级，可保证钢的良好韧性 | 用于各种大型工程结构及要求强度高、载荷大的轻型结构 |

### 二、低合金耐候钢

低合金耐候钢是在低碳钢的基础上加入少量铜、磷、铬、镍等合金元素，使其在金属基体表面形成保护层，以提高钢的耐大气腐蚀性能。

低合金耐候钢又分为高耐候钢和焊接耐候钢。钢的牌号由"屈服强度""高耐候""耐候"的拼音首字母Q、GNH、NH、屈服强度下限值及质量等级（A、B、C、D、E）组成。例如，Q355GNHC，表示最低屈服强度为355 MPa的高耐候钢，质量等级为C级。

高耐候钢主要适用于车辆、建筑、塔架和其他要求高耐候性的钢结构；焊接耐候钢主要适用于桥梁、建筑及其他要求耐候性的钢结构。

### 三、低合金专业用钢

为了满足某些专业的特殊需要，对低合金高强度结构钢的成分、工艺及性能做相应的调整和补充，发展了门类众多的低合金专业用钢，如低合金钢筋钢、铁道用低合金钢、矿用低合金钢等。低合金钢筋钢主要用于制作建筑钢筋结构；铁道用低合金钢主要用于铺设轨道；矿用低合金钢主要用于矿用结构件。

想一想

本学习模块开头的"案例导入"中提出的问题："'鸟巢'的钢结构工程用的是哪种钢呢"。学习了本模块后，运用相关知识进行分析，针对"鸟巢"的特殊结构和高质量要求，钢材应具有高抗拉强度、高屈服强度、高塑性、良好的焊接性及冷弯性。所以"鸟巢"所用钢材大部分是Q345D钢，局部受力大的部位采用了我国自主创新研发的低合金高强度结构钢Q460E钢，从该钢的牌号可以看出，其最低屈服强度达到460 MPa，强度高、韧性好，各项力学性能满足"鸟巢"的设计要求，可以用来制造"鸟巢"的钢结构，保证"鸟巢"能够抵抗8级地震。大家想一想，还有哪些低合金钢的应用实例？

## 拓展阅读

对刀剑来说，最重要的力学性能是强度、硬度和韧性。硬度太低而韧性好，刀剑容易卷刃；硬度太高而韧性低，刀剑又容易折断。怎样解决这个矛盾呢？古人花费了很长的时间进行探索，最终领悟到需要增加刀剑本体的韧性。所以古人在制造钢刀前先到深山中去寻找优质铁矿石，除了铁元素外，主要就是其中含有钨、钼等合金元素，这类元素对钢的性能可产生重大的影响，可降低或抑制回火脆性，使钢韧性提高。

### 【创新思考】

举例说明低合金高强度结构钢在工程上还有哪些应用。

## 学习模块三　合金结构钢

### 【案例导入】

汽车变速齿轮（见图6-3）是汽车上的主要传动零件，承担着将发动机发出的动力传递到主动轮上，主动轮再推动汽车运动的作用。这些齿轮受力较大，且频繁受冲击，因此，齿轮表面的耐磨性、疲劳强度，齿轮心部的韧性、抗冲击能力等方面要求都比较高。根据汽车变速齿轮工作时的性能要求，它适合用哪种钢制造呢？

图 6 - 3　汽车变速齿轮

## 【知识内容】

### 一、合金结构钢的分类与牌号

合金结构钢是指用于制造各类机器零件的钢种，也称机器零件用钢，一般都是经过热处理后使用。合金结构钢用于制造各种机械零件，如各种类型轴、齿轮、紧固件、轴承等，广泛用于汽车、拖拉机、机床、工程机械、电站设备上。

我国合金结构钢的牌号编写方式采用"两位数字＋合金元素符号＋数字"的形式。其中"两位数字"表示合金结构钢的平均碳质量分数的 1 万倍；"数字"表示所含合金元素平均质量分数的 100 倍。例如，60Si2Mn 表示碳的质量分数为 0.6%、硅的质量分数为 2%、锰的质量分数小于 1.5% 的合金结构钢。

对合金结构钢的要求是多方面的，不但要求有高强度、高塑性和高韧性，而且要求有良好的疲劳强度和耐磨性，以及良好的工艺性能（指切削加工性能和热处理工艺性能）。合金结构钢按用途不同，可分为合金渗碳钢、合金调质钢、合金弹簧钢和滚动轴承钢等。

### 二、合金渗碳钢

许多零件是在受冲击和磨损的条件下工作的，如车辆上的变速齿轮、内燃机上的凸轮和活塞销等，都要求零件表面高硬度、高耐磨性，以承受磨损；而零件心部应具有较高的韧性和强度，以承受冲击。

为满足零件这种"表硬里韧"的性能要求，常选用合金渗碳钢。用合金渗碳钢制作的活塞销如图 6 - 4 所示。

图 6 - 4　活塞销

合金渗碳钢中碳的质量分数为 $0.10\% \sim 0.25\%$，主要加入的合金元素是铬、镍、锰、硼、钛、钒、钨、钼等。常用合金渗碳钢的牌号、热处理工艺、力学性能及用途举例见表 6-2。

表 6-2　常用合金渗碳钢的牌号、热处理工艺、力学性能及用途举例

| 牌号 | 热处理工艺 | | | 力学性能，不小于 | | | | 用途举例 |
|---|---|---|---|---|---|---|---|---|
| | 渗碳温度/℃ | 淬火温度/℃冷却介质 | 回火温度/℃冷却介质 | $R_m$/MPa | $R_{eL}$/MPa | $A$/% | $K_{U_2}^c$/J | |
| 20Cr | 900～950 | 800水，油 | 200水，空气 | 835 | 540 | 10 | 47 | 小齿轮、小轴、活塞销 |
| 20CrMnTi | | 880油 | 200水，空气 | 1 080 | 850 | 10 | 55 | 汽车和拖拉机的变速齿轮 |
| 20MnVB | | 860油 | 200水，空气 | 1 080 | 885 | 10 | 55 | 机床齿轮、轴、汽车齿轮 |
| 20Cr2Ni4 | | 880油 | 200水，空气 | 1 180 | 1 080 | 10 | 63 | 大型齿轮和轴类零件 |

注：部分数据摘自国标《合金结构钢》（GB/T 3077—2015）。

合金渗碳钢零件的预备热处理为正火，最终热处理一般是渗碳、淬火、低温回火。

### 三、合金调质钢

采用调质处理后的合金结构钢称为合金调质钢，它具有良好的综合力学性能，可用于制造受力较复杂的重要结构零件，如发动机轴、连杆、螺栓及各种轴类零件。图 6-5 所示为轴类零件。

图 6-5　轴类零件

合金调质钢中碳的质量分数为 0.25%~0.5%，属于中碳钢，常加入的合金元素有 Cr、Mn、Ni、Si、B 等。常用合金调质钢的牌号、热处理工艺、力学性能及用途举例见表 6-3。

表 6-3　常用合金调质钢的牌号、热处理工艺、力学性能及用途举例

| 牌号 | 热处理工艺 | | 力学性能，不小于 | | | | 用途举例 |
|---|---|---|---|---|---|---|---|
| | 淬火温度/℃ 冷却介质 | 回火温度/℃ 冷却介质 | $R_m$/MPa | $R_{eL}$/MPa | $A$/% | $K_{U_2}^c$/J | |
| 40Cr | 850 油 | 520 水，油 | 980 | 785 | 9 | 47 | 汽车后半轴、机床齿轮、轴 |
| 40MnB | 850 油 | 500 水，油 | 980 | 785 | 10 | 47 | 代替40Cr制造中小截面重要调质件 |
| 35CrMo | 850 油 | 550 水，油 | 980 | 835 | 12 | 63 | 主轴、大电机轴、曲轴 |
| 40CrNi | 820 油 | 500 水，油 | 980 | 785 | 10 | 55 | 汽车、拖拉机、机床的轴、齿轮和螺栓 |
| 38CrMoAl | 940 水，油 | 640 水，油 | 980 | 835 | 14 | 71 | 制作渗氮零件，如磨床主轴、精密丝杠、精密齿轮、高压阀门 |

注：数据摘自国标《合金结构钢》(GB/T 3077—2015)。

合金调质钢零件的预备热处理为正火或退火，最终热处理为调质处理。对于某些需要表面耐磨的零件，也可采用调质处理后表面淬火、低温回火或调质处理后氮化处理。

## 四、合金弹簧钢

弹簧是各种机器、仪表和日常生活中广泛使用的零件之一。利用弹簧的弹性变形，可以实现缓冲、减振和储能的作用。图 6-6 所示为螺旋弹簧，图 6-7 所示为汽车板弹簧。

图 6-6　螺旋弹簧

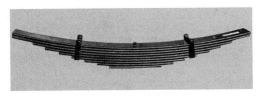

图 6-7　汽车板弹簧

合金弹簧钢的碳质量分数为 0.45%~0.7%，加入的合金元素主要有硅、锰、铬、钒、钼等，60Si2Mn 是最常用的合金弹簧钢，占合金弹簧钢产量的 80%。常用合金弹簧钢的牌号、热处理工艺、力学性能及用途举例见表 6-4。

学习单元六 合 金 钢

表 6-4　常用合金弹簧钢的牌号、热处理工艺、力学性能及用途举例

| 牌号 | 淬火温度/℃ 冷却介质 | 回火温度/℃ 冷却介质 | $R_m$/MPa | $R_{eL}$/MPa | $Z$/% | 用途举例 |
|---|---|---|---|---|---|---|
| 60Si2Mn | 870 油 | 480 水、油 | ≥1 275 | ≥1 180 | ≥25 | 汽车、拖拉机、机车上的减振板簧和螺旋弹簧 |
| 50CrV | 850 油 | 500 水、油 | ≥1 280 | ≥1 130 | ≥40 | 高载荷重要弹簧、耐热弹簧 |

弹簧按加工成形方式分类，可分为冷成形弹簧和热成形弹簧。

### 1. 冷成形弹簧

当弹簧直径小于 10 mm 时，常用冷拔弹簧钢丝或冷轧钢带为制造材料。冷成形后的弹簧在 200~300 ℃去应力退火即可得到冷成形弹簧，如钟表弹簧、仪表弹簧等。

### 2. 热成形弹簧

当弹簧直径或板簧厚度大于 10 mm 时，采用热成形，即将合金弹簧钢加热到比正常淬火温度高出 50~80 ℃进行成形，再利用余热立即淬火并中温回火，得到的热成形弹簧的回火托氏体组织有较高的弹性极限、屈服强度及一定的韧性。弹簧热处理后通常进行喷丸处理，使弹簧表面产生残余压应力，以提高弹簧的疲劳强度。

## 五、滚动轴承钢

滚动轴承钢中碳的质量分数为 0.95%~1.10%，高的含碳量是为了保证钢的高硬度和高耐磨性。滚动轴承钢中主要合金元素为铬，可以提高钢的淬透性，同时还可以与碳形成细小、弥散分布的碳化物，提高钢的耐磨性。有时，还加入硅和锰合金元素，以进一步提高其淬透性，可用于制造大型轴承零件。

滚动轴承钢的牌号是由字母 G（"滚"字的拼音首字母）、元素符号 Cr、Cr 元素的平均含量的千分数及其他元素符号，其他合金元素表示方法与合金结构钢牌号规定相同，如 GCr15、GCr15SiMn 等。

高碳铬轴承钢是滚动轴承钢的一种，预备热处理是球化退火，最终热处理是淬火 + 低温回火，得到回火马氏体及碳化物组织，硬度为 61~66 HRC。常用高碳铬轴承钢的牌号、化学成分、热处理工艺及用途举例见表 6-5。

表 6-5　常用高碳铬轴承钢的牌号、化学成分、热处理工艺及用途举例

| 牌号 | 化学成分 $w_c$/% | | | | 热处理工艺 | | | 用途举例 |
|---|---|---|---|---|---|---|---|---|
| | C | Cr | Mn | Si | 淬火温度/℃ | 回火温度/℃ | 回火后硬度/HRC | |
| GCr15 | 0.95~1.05 | 1.40~1.65 | 0.25~0.45 | 0.15~0.35 | 830~860 | 160~180 | 63~65 | 中、小型滚动轴承 |
| GCr15SiMn | 0.95~1.05 | 1.40~1.65 | 0.95~1.25 | 0.40~0.75 | 830~860 | 170~190 | ≥62 | 大型轴承 |

高碳铬轴承钢可用于制造滚动轴承（见图6-8）的内外圈及滚动体，还可用于制造量具、模具、冷轧辊、机床丝杠等。这些零件都需要制造材料具有高硬度、高耐磨性、高疲劳强度等。

图6-8 滚动轴承

**想一想**

本学习模块开头的"案例导入"中提出的问题："汽车变速齿轮适合用哪种钢制造呢"。学习了本模块之后，可运用相关知识分析得出，汽车变速齿轮适合用20CrMnTi钢制造。20CrMnTi钢属于合金结构钢中的合金渗碳钢，该钢的含碳量为0.2%，是低碳钢，经过适当的热处理后，制成了表面高硬度、高耐磨性，心部高韧性、抗冲击的汽车变速齿轮，满足了变速齿轮工作时"表硬里韧"的性能要求，其具体的加工工艺路线是：下料→锻造→正火→机械加工（粗加工、半精加工）→渗碳→机械加工（精加工）→淬火、低温回火→磨齿→检验。大家想一想，还有哪些合金结构钢的应用实例呢？

## 拓 展 阅 读

合金调质钢是合金结构钢中用量最大的一类。合金调质钢的加工工艺流程是：下料→锻造→预备热处理→机械加工（粗加工、半精加工）→调质→机械加工（精加工）→表面淬火或渗氮→磨削→检验→入库。预备热处理的目的是改善锻造组织、细化晶粒、消除内应力，有利于切削加工，并为随后的调质处理做组织准备。对于合金元素少的合金调质钢（如40Cr钢），一般采用正火作为预备热处理；对于合金元素多的合金调质钢，则采用退火作为预备热处理。对要求硬度较低（<30HRC）的调质零件，可采用毛坯→调质→机械加工的加工工艺流程。这样一方面可以减少零件在机械加工工序与热处理工序之间的往返；另一方面有利于推广锻造余热淬火（高温形变热处理），即在锻造时控制锻造温度，利用锻后高温余热进行淬火，既简化热处理工序、节约能源、降低成本，又可以提高钢的强度和韧性。

【创新思考】

深入现场或借助有关资料，了解合金结构钢在机械制造中的应用情况。

# 学习模块四　合金工具钢

## 【案例导入】

钻头是一种用来对金属材料钻孔的刀具，如图 6 - 9 所示。工作时，钻头刃部因伸入被加工金属内部进行钻削，被金属包围，散热困难，升温快，冷却条件差，尤其是在高速强力切削时，刃部温度可达 600 ℃ 左右，即使在低速切削时，刃部温度也在 100 ℃ 以上。因此，要求钻头应具有高硬度、高耐磨性和热硬性，并保持适当的强度、韧性，防止工作时受力折断。什么样的材料才能满足钻头的性能要求呢？

图 6 - 9　钻头

## 【知识内容】

工具钢是用于制造各种刃具、量具、模具等的钢，按化学成分可分为碳素工具钢和合金工具钢。碳素工具钢前面已做介绍，本模块将学习合金工具钢。

### 一、合金工具钢的牌号

我国合金工具钢的牌号编写方法与合金结构钢大致相同，但碳质量分数的表示方法有所不同。当合金工具钢中碳的质量分数 <1.0% 时，牌号前的一位数字表示钢平均含碳量的千分数；当合金工具钢中碳的质量分数 ≥1% 时，牌号前不标出平均碳质量分数的数字。例如，9Mn2V 表示含碳量为 0.9%、含锰量为 2%、含钒量 <1.5% 的合金工具钢；CrWMn 表示含碳量≥1%，含铬量 <1.5%，含钨量 <1.5%，含锰量 <1.5% 的合金工具钢。高速工具钢中含碳量为 0.7%~1.5%，但在高速工具钢的牌号中不标出平均碳质量分数值，如 W18Cr4V 等。

合金工具钢按用途不同可分为合金刃具钢、模具钢和量具钢。

### 二、合金刃具钢

合金刃具钢主要用于制造各类刃具，也可用于制造量具、模具等。合金刃具钢按成分、用途可分为低合金工具钢和高速工具钢。

#### 1. 低合金工具钢

低合金工具钢主要用于制造各种低速切削刃具，如钳工工具、丝锥、板牙（见图 6 -

10）、铰刀、拉刀等。刃具性能包括高硬度（62~65 HRC）、高耐磨性、一定的热硬性（即金属材料在高温时仍能保持高硬度的性能）、足够的韧性等。

图 6-10　板牙

低合金工具钢中碳的质量分数为 0.80%~1.50%，以保证钢的高硬度和耐磨性。为了弥补碳素工具钢性能的不足，低合金工具钢在碳素工具钢的成分基础上，加入总含量在 5% 以下的合金元素，如铬、锰、硅、钨、钒等，以提高钢的淬透性、耐回火性、热硬性和耐磨性。由于低合金工具钢中加入的合金元素不多，其热硬性只比碳素工具钢略高，因此仅能在 300 ℃ 以下保持高硬度和耐磨性。

低合金工具钢的热处理工艺与碳素工具钢的热处理工艺基本相同，预备热处理采用球化退火，最终热处理采用淬火 + 低温回火，组织为回火马氏体、合金碳化物和少量残余奥氏体，硬度为 60~65 HRC。

常用低合金工具钢的牌号、化学成分、热处理工艺及用途举例见表 6-6。

表 6-6　常用低合金工具钢的牌号、化学成分、热处理工艺及用途举例

| 牌号 | 化学成分 $w_C$/% | | | | | 热处理工艺 | | | 用途举例 |
|---|---|---|---|---|---|---|---|---|---|
| | C | Cr | Mn | Si | 其他 | 淬火温度/℃ 冷却剂 | 回火温度/℃ | 回火后硬度/HRC | |
| 9SiCr | 0.85~0.95 | 0.95~1.25 | 0.30~0.60 | 1.20~1.60 | — | 820~860 油 | 150~200 | ≥62 | 丝锥、板牙、钻头、拉刀、冷冲模、冷轧辊 |
| Cr06 | 1.30~1.45 | 0.50~0.70 | ≤0.40 | ≤0.40 | — | 780~810 水 | 160~180 | ≥64 | 锉刀、刮刀、刻刀、刀片、木工工具 |
| 9Mn2V | 0.85~0.95 | — | 1.70~2.00 | ≤0.40 | V 0.10~0.25 | 780~810 油 | 150~200 | ≥62 | 丝锥、板牙、铰刀、小冲模、量规 |
| CrWMn | 0.90~1.05 | 0.90~1.20 | 0.80~1.10 | ≤0.40 | W 1.20~1.60 | 800~830 油 | 180~200 | ≥62 | 板牙、拉刀、冲模、量块 |

## 2. 高速工具钢

高速工具钢是用于制造中速或高速切削刀具（如车刀、铣刀、麻花钻头、齿轮刀具等）的高碳合金钢，图6-11所示为铰刀、图6-12所示为铣刀。高速工具钢俗称锋钢，具有高硬度、高耐磨性、高热硬性、一定的强度和韧性，能在600℃左右的工作温度下保持硬度在60 HRC以上。用高速工具钢制造的刀具切削速度比一般工具钢制造的刀具切削速度快得多。

图6-11 铰刀

图6-12 铣刀

高速工具钢中碳的质量分数较高，为0.7%~1.65%，其作用是既保证淬火后有足够的硬度，又保证能够与合金元素形成足够多的碳化物，以提高钢的耐磨性和热硬性。高速工具钢中含有较高的钨、钼、钒、铬等合金元素，可形成钢的二次硬化，提高钢的热硬性、耐磨性、抗氧化性及淬透性，在空气冷却的条件下也能淬硬。但高速工具钢导热性差，在热加工时应特别注意。常用高速工具钢的牌号、化学成分、热处理工艺及用途举例见表6-7。

表6-7 常用高速工具钢的牌号、化学成分、热处理工艺及用途举例

| 牌号 | 化学成分 $w_c$/% | | | | | 热处理工艺 | | | 用途举例 |
| --- | --- | --- | --- | --- | --- | --- | --- | --- | --- |
| | C | Cr | W | V | Mo | 淬火温度/℃ 淬火介质 | 回火温度/℃ | 回火后硬度/HRC | |
| W18Cr4V | 0.73~0.83 | 3.80~4.50 | 17.20~18.70 | 1.00~1.20 | ≤0.30 | 箱式炉 1 260~1 280 油 | 550~570 | ≥63 | 一般高速切削用车刀、刨刀、钻头、铣刀 |
| W6Mo5Cr4V2 | 0.80~0.90 | 3.80~4.40 | 5.50~6.75 | 1.75~2.20 | 4.50~5.50 | 箱式炉 1 190~1 210 油 盐浴炉 1 200~1 220 | 550~570 | ≥64 | 要求耐磨性和韧性相配合的高速切削刀具，如丝锥、扭制钻头 |

由于高速工具钢中合金元素含量多，因此其盐溶铸态组织中会出现大量的碳化物（鱼骨状莱氏体），如图6-13所示。这种碳化物硬而脆，若不消除，则制成刀具后会出现早期损坏，使刀具出现崩刃问题。这种铸态组织中的碳化物不能用热处理消除，必须经热压力加工反复锻打，将粗大的碳化物破碎成颗粒状碳化物均匀分布在钢中，才能防止刀具在早期损坏。高速工具钢锻造后，需进行退火处理，以消除内应力，降低硬度，改善切削加工性能，并为淬火做好组织准备。

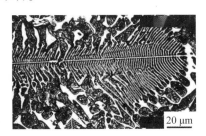

图6-13　W18Cr4V钢铸态组织

高速工具钢的最终热处理为高温淬火和多次回火。高速工具钢的淬火加热温度很高，一般在1 200 ℃以上，但其导热性很差，所以淬火加热时必须在800~900 ℃预热，避免高速工具钢变形或开裂。淬火后要立即在550~570 ℃回火三次，多次回火的目的是消除淬火应力、消除淬火组织中较多的残余奥氏体、使钢产生二次硬化。

### 三、模具钢

模具是机械制造工业中加工零件的主要工具。根据工作条件不同，模具钢分为冷作模具钢、热作模具钢和塑料模具钢。

#### 1. 冷作模具钢

冷作模具是指用于加工冷态金属的模具，冷冲模、冷挤压模、搓丝板、剪切模、拉深模等均属冷作模具。要求制造冷作模具的钢具有高硬度、高耐磨性、足够的韧性、较高的淬透性、热处理变形小等性能。

冷作模具钢中碳的质量分数较高，为1.0%~2.0%，高含碳量是为了获得高硬度和高耐磨性。加入合金元素铬、钼、钨、钒等，可提高耐磨性、淬透性和耐回火性。常用冷作模具钢的牌号、化学成分、热处理工艺及用途举例见表6-8。此类钢一般需要经淬火+低温回火后使用，其中Cr12钢属于莱氏体钢，加工前应进行反复锻打并退火处理。

表6-8　常用冷作模具钢的牌号、化学成分、热处理工艺及用途举例

| 牌号 | 化学成分 $w_C$/% | | | | | 热处理工艺 | | | 用途举例 |
| --- | --- | --- | --- | --- | --- | --- | --- | --- | --- |
| | C | Cr | Mn | Si | 其他 | 淬火温度/℃ 冷却剂 | 回火温度/℃ | 回火后硬度/HRC | |
| Cr12 | 2.00 ~ 2.30 | 11.50 ~ 13.00 | ≤0.40 | ≤0.40 | — | 950 ~ 1 000 油 | 200 ~ 450 | ≥60 | 冷冲模、拉延模、压印模、滚丝模 |

续表

| 牌号 | 化学成分 $w_c$/% | | | | | 热处理工艺 | | | 用途举例 |
|---|---|---|---|---|---|---|---|---|---|
| | C | Cr | Mn | Si | 其他 | 淬火温度/℃ 冷却剂 | 回火温度/℃ | 回火后硬度/HRC | |
| Cr12MoV | 1.45 ~ 1.70 | 11.00 ~ 12.50 | ≤0.40 | ≤0.40 | Mo 0.40 ~ 0.60 V 0.15 ~ 0.30 | 950 ~ 1 000 油 | 150 ~ 425 | ≥58 | 冷冲模、冷镦模、冷挤压模 |
| CrWMn | 0.90 ~ 1.05 | 0.90 ~ 1.20 | 0.80 ~ 1.10 | ≤0.40 | W 1.20 ~ 1.60 | 800 ~ 830 油 | 140 ~ 160 | ≥62 | 板牙，拉刀，量块，形状复杂、高精度的冷冲模 |

### 2. 热作模具钢

热作模具是指用于加热的金属或液态金属成形的模具，如热锻模、压铸模、热挤压模等均属热作模具，图 6 - 14 所示为汽车四缸压铸模。要求制作热作模具的钢具有高强度、较好的韧性和耐磨性，还要求具有良好的耐热疲劳性、淬透性。热作模具钢的含碳量为 0.3% ~ 0.6%，若含碳量过高，则塑性、韧性不足；若含碳量过低，则硬度、耐磨性不足。加入的合金元素有铬、锰、镍、钼、钨、硅等，可保证钢材获得高淬透性、高耐回火性、高耐热疲劳性，并防止回火脆性。

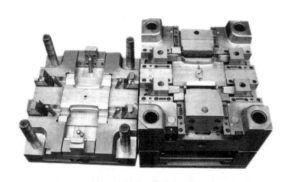

图 6 - 14  汽车四缸压铸模

5CrNiMo 钢和 5CrMnMo 钢是最常用的热作模具钢，具有较高的强度、韧性和耐磨性，以及优良的淬透性和良好的耐热疲劳性。5CrNiMo 钢常用于制造大、中型热锻模，5CrMnMo 钢常用来制造中、小型热锻模。常用的热锻模钢热处理工艺为锻造后退火，最终热处理为淬火 + 高温（或中温）回火。由于 3Cr2W8V 钢含较多的钨，因此，其具有更好的高温力学性能和耐热疲劳性，常用于制造压铸模和热挤压模。常用热作模具钢的牌号、化学成分、热处理工艺及用途举例见表 6 - 9。

表 6 – 9  常用热作模具钢的牌号、化学成分、热处理工艺及用途举例

| 牌号 | 化学成分/% | | | | | 热处理工艺 淬火 温度/℃ 冷却剂 | 用途举例 |
| --- | --- | --- | --- | --- | --- | --- | --- |
| | C | Cr | Mn | Si | 其他 | | |
| 5CrNiMo | 0.50 ~ 0.60 | 0.50 ~ 0.80 | 0.50 ~ 0.80 | ≤0.40 | Ni 1.40 ~ 1.80 Mo 0.15 ~ 0.30 | 830 ~ 860 油 | 制造形状复杂、冲击载荷大的大、中型热锻模 |
| 5CrMnMo | 0.50 ~ 0.60 | 0.60 ~ 0.90 | 1.20 ~ 1.60 | 0.25 ~ 0.60 | Mo 0.15 ~ 0.30 | 820 ~ 850 油 | 制造较高强度和耐磨性的中、小型热锻模 |
| 3Cr2W8V | 0.30 ~ 0.40 | 2.20 ~ 2.70 | ≤0.40 | ≤0.40 | W 7.50 ~ 9.00 V 0.20 ~ 0.50 | 1 075 ~ 1 125 油 | 制造压铸模、热挤压模 |

### 3. 塑料模具钢

塑料制品应用越来越广泛，尤其在电器、仪表工业中。很多过去使用的传统材料，如金属、木材、皮革等制品，逐渐被塑料制品所代替，塑料制品成形模具的需求量也迅速增加。

为便于加工并满足模具使用要求，塑料模具钢应能在较高预硬硬度（28 ~ 35 HRC）下，进行切削加工或电火花加工；易于蚀刻各种图案、文字和符号，抛光时模具表面易于达到高镜面度；具有较高的硬度（热处理后硬度应超过 45 HRC）和良好的耐磨性，足够的强度和韧性，热处理变形小；有时还要求具有良好的耐蚀性。

常用的塑料模具钢的牌号有非合金型，如 SM45、SM50、SM55 等；预硬型，如 3Cr2Mo、4Cr2Mn1MoS 等；耐腐蚀型，如 4Cr13、2Cr17Ni2 等。

### 四、量具钢

在机械制造行业中大量使用的量规、卡尺、样板等，都称为量具，如图 6 – 15 所示。量具用来测量工件的尺寸和形状，所以对量具最重要的要求是具有稳定而精确的尺寸。因此，量具钢必须有高硬度和高耐磨性、高的尺寸稳定性和足够的韧性，一些精密量具还要求具有良好的耐蚀性。

图 6 – 15  各种量具

量具钢没有专用牌号，通常都是选用各类结构钢和工具钢等常用钢种来制造量具的。例如，碳素工具钢 T10A 钢、T12A 钢等，可用于制造形状简单、精度要求不高的量具，如量规、样圈等圆形量具；高碳低合金钢，如 GCr15 钢、CrWMn 钢等，可用于制造形状复杂、高精度的量具；渗碳钢，如 20 钢、15CrMn 钢等，可用于制造长形或平板状量具，并经渗碳、淬火和低温回火后使用；对于要求耐腐蚀的量具，可用 9Cr18 钢等不锈钢制造。

对量具进行热处理的目的是提高硬度、耐磨性和尺寸稳定性。因此，除了预备热处理采用球化退火，最终热处理采用淬火＋低温回火外，还要采取措施使量具具有高的尺寸稳定性。例如，量具在淬火后可进行冷处理，以减少残余奥氏体，从而提高尺寸稳定性；在淬火、回火后，还可以进行时效处理（120～150 ℃，24～36 h），以消除应力，使组织更加稳定。此外，量具的淬火一般采用分级淬火或等温淬火，以减少残余奥氏体。

想一想

根据本学习模块开头"案例导入"中举例的钻头性能要求，在学习了本模块后，可运用相关知识分析得出，由于钻头工作时要求高硬度、高耐磨性、高热硬性、足够的强度和韧性，因此适合选用合金工具钢中的高速工具钢 W18Cr4V 钢来制造钻头，再经适当的热处理，即可满足钻头的性能要求。加工过程是毛坯锻造→球化退火→机械加工成形→1 260～1 280 ℃淬火、560～570 ℃三次回火→刃磨。大家想一想，还有哪些合金工具钢的应用实例？

## 拓 展 阅 读

高速工具钢属于合金工具钢中的一类，主要用于工业刀具领域，是制造工业切削刀具的必备材料。工业刀具被誉为工业制造的"牙齿"，其制造能力直接决定着一个国家机械加工的精度和效率，因此，不断提升刀具材料性能是制造强国一致追求的目标。用传统的铸造方法制造的高速工具钢偏析现象严重、组织不均匀，影响高速工具钢的性能和使用。过去，我国的高速工具钢大量依赖进口。位于江苏镇江的"天工国际"粉末冶金研究院是我国最大的高速工具钢生产基地，近年来他们采用"粉末冶金"工艺生产的高速工具钢有效避免了偏析现象，提高了钢的组织均匀性，改善了高速工具钢的性能，目前已经能够生产30多种刀具材料，满足了我国大部分的市场需求，其制造的部分产品还出口国外。

【创新思考】

（1）请说出你在生产和生活中熟悉的合金工具钢制品。

（2）为何这些制品要用合金工具钢制造？

## 学习模块五 特殊性能钢

### 【案例导入】

医院外科医生动手术时使用的手术刀，要接触消毒液、人体体液等介质，且不能发生腐蚀或氧化，因此需要医用手术刀用钢具有比一般钢更高的耐蚀性，同时还需要具有较高的硬度、强度。那么医用手术刀是用什么钢制造的呢？

### 【知识内容】

特殊性能钢是指具有特殊物理性能、化学性能、力学性能，从而能在特殊的环境、工作条件下使用的钢。常用的特殊性能钢有不锈钢、耐热钢、耐磨钢等。

### 一、不锈钢

不锈钢以耐蚀性为主要特性，且铬的质量分数至少为10.5%，碳的质量分数不超过1.2%。不锈钢的耐蚀性随含碳量的增加而降低，因此，大多数不锈钢的含碳量均较低。不锈钢中的主要合金元素是铬，此外还有镍、钛、锰、氮、铌等元素。不锈钢按组织类型分为马氏体不锈钢、铁素体不锈钢、奥氏体不锈钢等；也可按成分特点分为铬不锈钢、铬镍不锈钢和铬锰氮不锈钢等。

不锈钢的牌号表示方法与合金结构钢的牌号表示方法基本相同，只是当碳的质量分数≥0.04%时，推荐取两位小数；当碳的质量分数≤0.03%时，推荐取三位小数，如12Cr18Ni9、008Cr30Mo2。

不锈钢不仅在日常生活中应用广泛，而且在机械、石油、化工、航空航天、海洋开发、国防和一些尖端科学技术中也应用广泛，主要用来制造在各种腐蚀介质中工作的零件或工具，如化工设备中的各种管道、阀门和泵，医疗手术器械，防锈刃具和量具等。常用不锈钢的组织类型、牌号、化学成分及用途举例见表6-10。

表6-10 常用不锈钢的组织类型、牌号、化学成分及用途举例

| 组织类型 | 牌号 | 化学成分 $w_c$/% | | | | 用途举例 |
| --- | --- | --- | --- | --- | --- | --- |
| | | C | Cr | Ni | 其他 | |
| 马氏体型 | 12Cr13 | ≤0.15 | 11.50 ~ 13.50 | ≤0.60 | — | 汽轮机叶片、内燃机车水泵轴、阀门、螺栓 |
| | 20Cr13 | 0.16 ~ 0.25 | 12.00 ~ 14.00 | ≤0.60 | — | 汽轮机叶片、热油泵、叶轮 |
| | 68Cr17 | 0.60 ~ 0.75 | 16.00 ~ 18.00 | ≤0.60 | — | 刃具、量具、滚动轴承、医用手术刀片 |

续表

| 组织类型 | 牌号 | 化学成分 $w_C$/% | | | | 用途举例 |
|---|---|---|---|---|---|---|
| | | C | Cr | Ni | 其他 | |
| 铁素体型 | 10Cr17 | ≤0.12 | 16.00~18.00 | ≤0.60 | — | 建筑装潢、家用电器、家庭用具 |
| | 008Cr30Mo2 | ≤0.10 | 28.50~32.00 | — | Mo 1.50~2.50 | 耐乙酸、乳酸等有机酸腐蚀的设备,耐苛性碱腐蚀的设备 |
| 奥氏体型 | 12Cr18Ni9 | ≤0.15 | 17.00~19.00 | 8.00~10.00 | — | 建筑装饰品,耐硝酸、冷磷酸、有机酸及盐、碱溶液腐蚀的部件 |
| | 06Cr19Ni10 | ≤0.08 | 18.00~20.00 | 8.00~11.00 | — | 食品、化工、核能设备的零件 |

## 二、耐热钢

耐热钢是指在高温下具有高温抗氧化性和高温强度的钢,高温抗氧化性是指在高温下对氧化作用的抗力,高温强度是指在高温下承受机械负荷的能力。耐热钢用于制造加热炉、锅炉和燃气轮机等高温装置的零部件。

耐热钢的含碳量一般较低,加入的合金元素有铬、硅、铝、钨、钼、钒、钛等。耐热钢的牌号表示方法与不锈钢的牌号表示方法相同。

耐热钢按用途可分为抗氧化钢、热强钢和气阀钢;按组织类型可分为奥氏体型、铁素体型、沉淀硬化型、马氏体型等耐热钢。

### 1. 奥氏体型耐热钢

奥氏体型耐热钢的常用钢种有 06Cr18Ni11Ti 钢、20Cr25Ni20 钢、16Cr23Ni13 钢等,其热化学稳定性和热强性比铁素体型耐热钢和马氏体型耐热钢都高,常用于制造一些比较重要的零件,如燃气轮机轮盘、叶片、排气阀等。

### 2. 铁素体型耐热钢

铁素体型耐热钢的常用钢种有 06Cr13Al 钢、10Cr17 钢、16Cr25N 钢等,这类钢强度不高,但耐高温氧化,可用于制造油喷嘴、加热炉部件、燃烧室等。

### 3. 沉淀硬化型耐热钢

沉淀硬化型耐热钢的常用钢种有 07Cr17Ni7Al 钢、05Cr17Ni4Cu4Nb 钢等,是耐热钢中强度最高的一类,可用于制造高温弹簧、膜片、波纹管、燃气透平发动机部件等。

### 4. 马氏体型耐热钢

马氏体型耐热钢的常用钢种有 12Cr13 钢、20Cr13 钢、42Cr9Si2 钢等,这类钢抗氧化性和高温强度均高,可用于制造 600 ℃以下受力较大的零件,如汽轮机叶片、内燃机进气阀、转子、轮盘及紧固件等。

### 三、耐磨钢

耐磨钢是指在强烈冲击载荷作用下产生硬化的高锰钢，具有很高的耐磨性和韧性。耐磨钢主要用于制造运转过程中承受严重磨损和强烈冲击的零件，如坦克、拖拉机履带、挖掘机铲齿、球磨机衬板、破碎机牙板、铁路道岔等。图 6 - 16 所示为挖掘机，图 6 - 17 所示为球磨机。

　　　　图 6 - 16　挖掘机　　　　　　　　　　图 6 - 17　球磨机

耐磨钢的常用牌号是 ZGMn13，其碳的质量分数为 0.9%~1.4%，锰的质量分数为 11%~14%。高锰耐磨钢机械加工比较困难，基本上都是铸造成形。铸造成形后的高锰耐磨钢组织为奥氏体和网状碳化物，硬而且脆，因此，高锰耐磨钢铸造后都必须进行水韧处理，即将钢加热到 1 050~1 100 ℃，保温，使碳化物全部溶解到奥氏体中，然后在水中快速冷却，在室温下获得单一的奥氏体组织。此时，钢的硬度很低（约 210 HBW），而韧性很高。水韧处理后的高锰耐磨钢在受到强烈冲击或严重摩擦而变形时，表面层迅速产生变形硬化，并且发生马氏体转变，使硬度显著提高到 52~56 HRC，而钢的心部仍保持原来的高韧性状态，使高锰耐磨钢既耐磨又抗冲击。但是，高锰耐磨钢具有高耐磨性的条件是承受强烈冲击或严重摩擦，否则是不耐磨的。

> **想一想**
>
> 本学习模块开头"案例导入"中举例的医用手术刀，其工作时需要具有一定的耐蚀性、较高的硬度和强度。学习了本模块后，可运用相关知识分析得出，特殊性能钢中的不锈钢 68Cr17 钢，属于马氏体型不锈钢，其含碳量在不锈钢中比较高，所以硬度、强度较高，并且具有较好的耐蚀性，能够满足医用手术刀的性能要求，适合用来制造医用手术刀。大家想一想，还有哪些特殊性能钢的应用实例呢？

## 拓 展 阅 读

> 日常生活中使用的不锈钢主要有两种产品，第一种是含铬的不锈钢，具有吸磁性；第二种是含镍的不锈钢，不具有吸磁性，但具有良好的耐蚀性，价格高。因此，在选购不锈钢制品时可以用磁铁进行鉴别，或注意观察不锈制品上的材质标识。

**【创新思考】**

（1）请说出你在生产和生活中熟悉的不锈钢制品。

（2）为何这些制品要用不锈钢制造？

## 综合训练

### 一、名词解释

1. 合金钢。

2. 耐回火性。

3. 二次硬化。

4. 耐候钢。

5. 不锈钢。

6. 耐热钢。

7. 耐磨钢。

### 二、填空题

1. 机械制造用合金结构钢按用途和热处理特点，分为_____钢、_____钢、_____钢和_____钢等。

2. 60Si2Mn 钢是_____钢，用它制造弹簧的最终热处理方法通常是_____。

3. 高速工具钢刀具在切削温度达 600 ℃时，仍能保持_____和_____。

### 三、选择题

1. 合金渗碳钢渗碳后必须进行_____后才能使用。

A. 淬火 + 低温回火　　　　　　　B. 淬火 + 中温回火

C. 淬火 + 高温回火

2. 将下列合金钢牌号进行归类。

耐磨钢_____；合金弹簧钢_____；合金模具钢_____；不锈钢_____。

A. 60Si2Mn　　　　B. ZGMn13　　　　C. Cr12MoV　　　　D. 12Cr13

3. 为下列零件正确选材。

机床主轴用_____；汽车、拖拉机变速齿轮用_____；汽车板弹簧用_____；滚动轴承用_____；储存硝酸的容器用_____；挖掘机或坦克履带用_____。

A. 12Cr18Ni9 钢　　　　　　　　B. GCr15 钢

C. 40Cr 钢　　　　　　　　　　D. 20CrMnTi 钢

E. 60Si2Mn 钢　　　　　　　　F. ZGMn13 钢

4. 为下列工具正确选材。

高精度丝锥用_____；热锻模用_____；冷冲模用_____；医用手术刀片用_____；麻花钻头用_____。

A. Cr12MoV 钢　　　　　　　　B. CrWMn 钢

C. 68Cr17 钢　　　　　　　　　D. W18Cr4V 钢

E. 5CrNiMo 钢

### 四、判断题

1. 一般合金钢都有较好的耐回火性。　　　　　　　　　　　　　（　　）
2. 大部分低合金钢的淬透性比碳钢好。　　　　　　　　　　　　（　　）
3. 3Cr2W8V 钢一般用来制造冷作模具。　　　　　　　　　　　（　　）
4. GCr15 钢是滚动轴承钢，其铬的质量分数是 15%。　　　　　（　　）
5. Cr12MoV 钢是不锈钢。　　　　　　　　　　　　　　　　　（　　）
6. 40Cr 钢是常用的合金调质钢之一。　　　　　　　　　　　　（　　）

### 五、简答题

1. 与碳钢相比，合金钢有哪些优点？
2. 为什么在碳质量分数相同的条件下，合金钢比碳钢淬火加热温度高、保温时间长？
3. 为什么在一般情况下碳钢用水淬火，而合金钢用油淬火？
4. 下列牌号属于哪种钢？其数字和符号各表示什么？

　　20Cr　　9CrSi　　60Si2Mn　　GCr15　　　12Cr13　　　Cr12

5. 试列表比较合金渗碳钢、合金调质钢、合金弹簧钢、滚动轴承钢的典型牌号、常用最终热处理方法及主要用途。
6. 高速工具钢力学性能有何特点？高温回火后为什么硬度会增加？
7. 不锈钢、耐热钢和耐磨钢有何性能特点？举例说明其用途。

## 任务评价

任务评价见表 6 - 11。

表 6 - 11　任务评价表

| 评价目标 | 评价内容 | 完成情况 | 得分 |
|---|---|---|---|
| 素养目标 | 培养学生的爱国热情 | | |
| | 培养学生的科学研究精神、工匠精神、创新精神 | | |
| 技能目标 | 能够识别合金钢的牌号 | | |
| | 能够合理选用合金钢 | | |
| | 能够根据技术要求为合金钢制定相应的热处理工艺 | | |
| 知识目标 | 掌握合金钢的分类方法 | | |
| | 掌握合金钢牌号的编排原则 | | |
| | 掌握合金钢的类别、化学成分、性能、热处理工艺和常见用途 | | |

# 学习单元七 铸铁

### 引导语

　　铸铁是以铁、碳、硅为主的多元合金，是铸造生产中产量最大的一种铸造合金，广泛应用于机械、汽车制造、冶金、矿山、石油化工和国防等行业中。铸铁件在各类机械中占机械总质量的45%～90%，这是什么原因呢？机床床身、汽车发动机曲轴为什么用铸铁制造呢？通过本单元的学习可以找到答案。

### 知识图谱

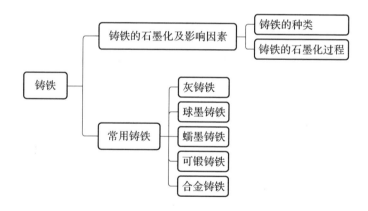

### 学习目标

知识目标
(1) 掌握铸铁的分类方法。
(2) 掌握铸铁牌号的编排原则。
(3) 掌握铸铁的牌号、种类、性能、热处理工艺及常见用途。

技能目标
(1) 能够识别铸铁的牌号。
(2) 能够合理选用铸铁。
(3) 能够根据技术要求制定铸铁的热处理工艺。

素养目标

（1）培养学生的工匠精神。

（2）培养学生的文明意识、效率意识、环保意识。

（3）培养学生的科学思维方式。

## 学习模块一　铸铁的石墨化及影响因素

### 【案例导入】

由学习单元三中的铁碳相图可知，铸铁是指碳质量分数大于 2.11% 的铁碳合金，其中碳主要以渗碳体的形式存在，使得铸铁硬度高、脆性大，很难进行切削加工，很少直接用铸铁来制造各种零件。但是，铸铁在实际生产中广泛应用，铸铁件在各类机械中占机械总质量的 45%~90%，这是什么原因呢？

### 【知识内容】

#### 一、铸铁的种类

铸铁是指碳质量分数大于 2.11% 的铁碳合金。工业上常用铸铁中碳的质量分数为 2.5%~4.0%，硅的质量分数为 1.0%~2.5%，锰的质量分数为 0.5%~1.4%，磷的质量分数 ≤0.3%，硫的质量分数 ≤0.15%，可见与碳钢相比，铸铁含碳、硅的量较高，含杂质元素硫、磷较多。因此，铸铁的拉伸力学性能（主要是抗拉强度、塑性、韧性）较钢低很多，但抗压性能与钢相当。同时，铸铁还具有优良的铸造性、减摩性、减振性、切削加工性能及低的缺口敏感性等，铸铁的生产工艺简单、成本低廉，因此，在工业生产中得到广泛应用。

铸铁的种类很多，根据碳在铸铁中存在的形式不同，铸铁可分为以下几种。

##### 1. 白口铸铁

白口铸铁中的碳主要以游离碳化物的形式存在，其断口呈银白色。白口铸铁硬度高、脆性大、难以切削加工，很少直接用来制造机械零件，主要用作炼钢原料，以及用来制造那些不需要刀具切削加工、硬度高和耐磨性好的零件，如犁铧及球磨机的磨球等。

##### 2. 灰口铸铁

灰口铸铁中的碳主要以石墨的形式存在，其断口呈灰色。根据石墨形态的不同，灰口铸铁分为灰铸铁、球墨铸铁、蠕墨铸铁和可锻铸铁，其中石墨形状分别为片状、球状、蠕虫状和团絮状，如图 7-1、图 7-2、图 7-3、图 7-4 所示。常用的铸铁件大多是灰口铸铁，本单元主要介绍灰口铸铁。

##### 3. 麻口铸铁

麻口铸铁中的碳一部分以游离碳化物的形式存在，另一部分以石墨的形式存在，其断口呈灰白相间色。这类铸铁硬度高、脆性大、难以加工，所以工程上很少使用。

图7-1　灰铸铁（片状石墨）

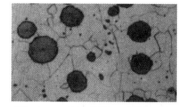

图7-2　球墨铸铁（球状石墨）

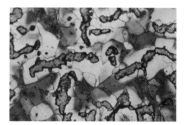

图7-3　蠕墨铸铁（蠕虫状石墨）

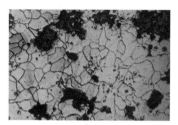

图7-4　可锻铸铁（团絮状石墨）

## 二、铸铁的石墨化过程

铸铁中的碳以石墨形式析出的过程称为石墨化。在铁碳合金中，碳有两种存在形式，一种是渗碳体，其中碳的质量分数为6.69%；一种是石墨，用符号 G 表示，其中碳的质量分数为100%。石墨具有特殊的简单六方晶格结构，其晶体结构示意图如图7-5所示。

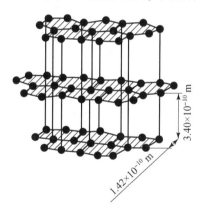

图7-5　石墨的晶体结构示意图

碳在铸铁中的存在形式与铸铁液的冷却速度有关。缓慢冷却时，从铸铁液或奥氏体中直接析出石墨；快速冷却时，碳在铸铁中形成渗碳体。渗碳体在高温下长时间加热时，可分解为铁和石墨，即 $Fe_3C \longrightarrow 3Fe + G$，这说明渗碳体是一种亚稳定相，而石墨则是一种稳定相。影响铸铁石墨化的因素较多，其中化学成分和冷却速度是主要因素。

### 1. 化学成分的影响

化学成分是影响铸铁石墨化过程的主要因素之一。碳和硅两种元素是强烈促进铸铁石墨化的元素。铸铁中碳和硅的质量分数越大，就越容易石墨化，但两者的质量分数过大会使铸铁中石墨数量增多并粗化，从而导致铸铁的力学性能下降。因此，在铸铁件壁厚一定的条件下，调整铸铁中碳和硅的质量分数是控制其组织和性能的基本措施之一。

### 2. 冷却速度的影响

冷却速度是影响铸铁石墨化过程的工艺因素。如果冷却速度较快，碳原子来不及充分扩散，铸铁石墨化难以充分进行，则容易产生白口铸铁组织；如果冷却速度缓慢，碳原子有时间充分扩散，有利于铸铁石墨化过程充分进行，则容易获得灰口铸铁组织。对于薄壁铸件，由于其在成形过程中冷却速度快，因此，容易产生白口铸铁组织；而对于厚壁铸件，由于其在成形过程中冷却速度较慢，因此，容易获得灰口铸铁组织。

*想一想*

大家想一想，在本模块开头的"案例导入"中提出的问题："铸铁在实际生产中广泛应用，铸铁件在各类机械中占机械总质量的 45%~90%，这是什么原因呢"。学习本模块后就能够回答这个问题了。这是因为各类机械产品中用的铸铁大多是灰口铸铁，碳主要以石墨形式存在，灰口铸铁有很多优良的性能，所以得到广泛应用。

为了获得需要的灰口铸铁组织，应控制石墨化进行的程度，其中主要因素是铸铁的成分和冷却速度。碳、硅含量越高，铸件的冷却速度越缓慢，就越有利于石墨化过程的充分进行，也就越容易得到灰口铸铁。

## 拓 展 阅 读

中国是世界上生产铸铁件最早的国家之一，比西方早 1 000 多年。在春秋战国初期铁业生产发展迅速，当时铸铁农具约占全部金属制品的 60%，这说明中国在当时已迈入了铁器时代，促使了农业生产率迅速提高，极大地解放了当时的农业人口，促进了中原地区的工商业繁荣。13 世纪蒙古西征时，铸铁工艺逐渐传入欧洲，直到 15 世纪才被英国人所掌握，正是铸铁技术的出现使英国发生了工业革命。铸铁从远古走来，历经风雨，目前仍然是铸造生产中产量最大的一种铸造合金，铸铁的应用范围几乎遍及国民经济的各行各业，也与生产生活密切相关。

**【创新思考】**

观察和联系生活中有关零件或机械设备使用铸铁材料的情况，加深对铸铁的认识和理解。

## 学习模块二　常用铸铁

**【案例导入】**

由于铸铁具有很多优良的性能，同时，铸铁的生产工艺较简单、成本低，因此，它是机械制造、冶金矿山等领域广泛应用的金属材料。试问机床床身、汽车发动机曲轴适合用哪种铸铁制造呢？其热处理工艺是怎样的呢？

# 知识内容

## 一、灰铸铁

### 1. 灰铸铁的组织

灰铸铁的组织可看成是碳钢的基体加片状石墨，按基体组织的不同，灰铸铁分为铁素体灰铸铁、铁素体－珠光体灰铸铁和珠光体灰铸铁三类，如图7－6、图7－7、图7－8所示。

图7－6　铁素体灰铸铁

图7－7　铁素体－珠光体
灰铸铁

图7－8　珠光体
灰铸铁

### 2. 灰铸铁的性能

灰铸铁的性能主要取决于其基体的性能和石墨的数量、形状、大小及分布状况，石墨是这两个因素中的主要方面。石墨的作用是双重的，一方面它使灰铸铁的力学性能降低，另一方面它又使灰铸铁具有其他一些优良性能。灰铸铁的主要性能特点如下。

（1）抗拉强度较低，塑性、韧性很差。由于石墨本身的强度、硬度和塑性都极低，因此灰铸铁中存在的片状石墨，就相当于在基体上布满了大量的孔洞和裂纹，割裂了基体组织的连续性；另外在石墨的尖角处易产生应力集中，使铸件容易产生裂纹。片状石墨数量越多、越粗大、分布越不均匀，灰铸铁的强度、塑性、韧性就越低。但石墨对灰铸铁的硬度和抗压强度影响不大，因此，灰铸铁广泛用于制造承受压力的零件，如机床床身、机座、轴承座等。

（2）优良的铸造性和可切削性。由于灰铸铁的化学成分接近于共晶点，因此，铁液的流动性很好，可以铸造出形状很复杂的零件。灰铸铁凝固后，不易形成缩孔和缩松，能够获得比较致密的铸件。石墨在机械加工时可以起到断屑和润滑刀具、减小摩擦的作用，所以，灰铸铁具有优良的切削加工性能。

（3）良好的减振性和减摩性。灰铸铁内部存在大量的片状石墨，可以阻止振动的传播，并把它转化为热能发散，因此，灰铸铁具有良好的减振性。石墨越粗大，灰铸铁的减振性越好。

石墨本身是良好的润滑剂，并且在石墨被磨掉的地方会形成大量的显微"口袋"，可以储存润滑油和收集磨耗后所产生的微小磨粒，因此，灰铸铁具有良好的减摩性。

### 3. 灰铸铁的牌号及用途

灰铸铁的牌号是用"灰铁"两字的拼音首字母HT与一组数字表示，数字是其最小抗

拉强度 $R_m$ 值。例如，HT200 表示最小抗拉强度 $R_m$ 为 200 MPa 的灰铸铁。常用灰铸铁的类别、牌号、力学性能及用途举例见表 7-1。

表 7-1　常用灰铸铁的类别、牌号、力学性能及用途举例

| 类别 | 牌号 | 力学性能 | | 用途举例 |
| --- | --- | --- | --- | --- |
| | | $R_m$/MPa | 硬度/HBW | |
| 铁素体灰铸铁 | HT100 | ≥100 | ≤170 | 适用于载荷小、对摩擦和磨损无特殊要求的不重要零件，如防护罩、盖、油盘、手轮、支架、底板、重锤、小手柄等 |
| 铁素体-珠光体灰铸铁 | HT150 | ≥150 | 125~205 | 适用于承受中等载荷的零件，如机座、支架、箱体、刀架、床身、轴承座、工作台、带轮、端盖、泵体、阀体、管路、飞轮、电机座等 |
| 珠光体灰铸铁 | HT200 | ≥200 | 150~230 | 适用于承受较大载荷和要求一定气密性或耐蚀性的重要零件，如气缸、齿轮箱、阀体、齿轮、活塞、联轴器盘、刹车轮等 |
| | HT250 | ≥250 | 180~250 | |
| 孕育铸铁 | HT300 | ≥300 | 200~275 | 适用于承受高载荷、耐磨和高气密性的重要零件，如重型机床，剪床，压力机，自动车床的床身、机座、机架，高压液压件，活塞环，受力较大的齿轮、凸轮，衬套，大型发动机的曲轴、气缸体、缸套、汽缸盖等 |
| | HT350 | ≥350 | 220~290 | |

**4. 灰铸铁的孕育处理**

为了细化石墨片，提高灰铸铁的力学性能，灰铸铁生产中常采用孕育处理，即在灰铸铁液浇注之前，向铁液中加入少量的孕育剂，如硅铁合金或硅钙合金，使灰铸铁液内生成大量均匀分布的石墨晶核，从而使灰铸铁获得细晶粒的珠光体基体和细片状石墨。孕育处理后得到的灰铸铁称为孕育铸铁，又称变质铸铁。孕育铸铁的强度、塑性和韧性都高于普通灰铸铁，因此，孕育铸铁常用来制造力学性能要求较高、截面尺寸变化较大的大型铸件。

**5. 灰铸铁的热处理**

热处理可以改变灰铸铁的基体组织，但不能改变石墨的形状、大小和分布情况，因此，无法从根本上消除石墨的有害作用，所以用热处理的方式强化灰铸铁的力学性能是不现实的。灰铸铁常用的热处理方式主要有以下几种。

（1）去应力退火。形状较复杂的铸件在浇注后的冷却过程中，因各部位冷却速度不同，往往形成很大的内应力，使铸件产生变形或开裂，故需通过低温退火来消除内应力，

减小变形、开裂等。

消除铸件内应力的退火方法通常是将铸件加热到 500 ~ 550 ℃，保温一定时间（每 10 mm 截面厚度保温 1 h），然后随炉冷却至 150 ~ 200 ℃ 出炉，此时铸件内应力基本消除。

（2）石墨化退火。铸件在冷却时，表层及薄壁处冷却速度较快，有时会产生白口铸铁组织，局部出现共晶渗碳体，使铸件硬度和脆性增大，难以切削加工，在使用过程中也易表层剥落。一般可采用石墨化退火来消除这种缺陷。

石墨化退火的方法是把铸铁加热到 850 ~ 950 ℃，保温 1 ~ 3 h，使铸件中的共晶渗碳体分解，形成奥氏体与石墨，然后随炉冷却至 400 ~ 500 ℃，出炉空冷，获得以铁素体或铁素体 – 珠光体为基体的灰铸铁。

## 二、球墨铸铁

### 1. 球墨铸铁的组织

球墨铸铁是由普通灰铸铁熔化的铁液，经球化处理得到的。球化处理的方法是在铁液出炉后、浇注前加入一定量的球化剂（稀土镁合金等）和等量的孕育剂，使石墨呈球状析出。

球墨铸铁的组织可看成碳钢的基体加球状石墨。按基体组织的不同，常用的球墨铸铁有铁素体球墨铸铁、铁素体 – 珠光体球墨铸铁、珠光体球墨铸铁等，如图 7 – 9、图 7 – 10、图 7 – 11 所示。

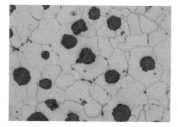
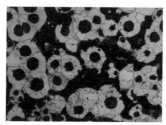

图 7 – 9　铁素体球墨铸铁 200 ×　　图 7 – 10　铁素体 – 珠光体球墨铸铁 200 ×　　图 7 – 11　珠光体球墨铸铁 500 ×

### 2. 球墨铸铁的性能

球墨铸铁的力学性能与其基体的类型及球状石墨的大小、形状及分布有关。由于球状石墨对基体的割裂作用最小，又无应力集中作用，所以，基体的强度、塑性和韧性可以发挥充分。球状石墨的圆整度越好、球径越小、分布越均匀，球墨铸铁的力学性能就越好。与灰铸铁相比，球墨铸铁有较高的强度和良好的塑性与韧性，而且球墨铸铁在某些方面可与钢相媲美，如屈服强度比碳素结构钢高、疲劳强度接近中碳钢。同时，球墨铸铁还具有与灰铸铁类似的良好的减振性、减摩性、切削加工性能及低的缺口敏感性等。此外，通过各种热处理，可以明显提高球墨铸铁的力学性能。但是，球墨铸铁的凝固收缩率较大、流动性稍差，容易出现缩松与缩孔，对铁液成分及熔铸工艺要求较高，此外，球墨铸铁的消振能力也比灰铸铁低。

### 3. 球墨铸铁的牌号及用途

球墨铸铁的牌号用"QT + 两组数字"表示。QT 是"球铁"两字的拼音首字母，两组数字分别代表其最低抗拉强度和最低断后伸长率。例如，牌号 QT600 – 3 表示最低抗拉强

度 $R_m$ 为 600 MPa、最低断后伸长率 $A$ 为 3% 的球墨铸铁。表 7-2 列出了常用球墨铸铁的类别、牌号、力学性能及用途举例。

表 7-2　常用球墨铸铁的类别、牌号、力学性能及用途举例

| 类别 | 牌号 | $R_m$/MPa | $A$/% | 硬度/HBW | 用途举例 |
|---|---|---|---|---|---|
| 铁素体球墨铸铁 | QT400-15 | ≥400 | ≥15 | 120～180 | 制造阀体、汽车或内燃机车上的零件、机床零件、减速器壳、齿轮壳、汽轮机壳、低压气缸等 |
| | QT450-10 | ≥450 | ≥10 | 160～210 | |
| 铁素体-珠光体球墨铸铁 | QT500-7 | ≥500 | ≥7 | 170～230 | 制造机油泵齿轮、水轮机阀门体、铁路机车车辆轴瓦、飞轮、电动机壳、齿轮箱、千斤顶座等 |
| | QT600-3 | ≥600 | ≥3 | 190～270 | |
| 珠光体球墨铸铁 | QT700-2 | ≥700 | ≥2 | 225～305 | 制造柴油机曲轴、凸轮轴、气缸体、气缸套、活塞环、球磨机齿轴等 |
| | QT800-2 | ≥800 | ≥2 | 245～335 | |

#### 4. 球墨铸铁的热处理

球墨铸铁的力学性能在很大程度上取决于其基体组织，而基体组织可以通过热处理改变。凡是钢可以进行的热处理工艺，一般都适用于球墨铸铁。球墨铸铁常用的热处理工艺有退火、正火、调质、贝氏体等温淬火等。

（1）退火。退火的主要目的是得到铁素体球墨铸铁，提高其塑性和韧性，改善其切削加工性能，消除内应力。退火一般分为低温退火和高温退火。低温退火是将铸件加热至 700～750 ℃，保温 2～8 h，使珠光体分解，再随炉缓冷至 600 ℃，出炉空冷。高温退火是将铸件加热至 900～950 ℃，保温 2～4 h，使游离 $Fe_3C$ 分解，再随炉缓冷至 600 ℃，出炉空冷。

（2）正火。正火的目的是得到珠光体球墨铸铁，提高其强度和耐磨性。具体工艺是将铸件加热至 840～920 ℃，保温 1～4 h，出炉空冷。

（3）调质。调质的目的是获得回火索氏体球墨铸铁，从而使铸件获得较高的综合力学性能，如柴油机连杆、曲轴等。具体工艺是将铸件加热至 870～920 ℃后油淬，550～600 ℃保温 2～4 h 进行回火，出炉空冷。

（4）贝氏体等温淬火。贝氏体等温淬火的目的是得到贝氏体球墨铸铁，从而获得高强度、高硬度和较高的韧性等特性，用于形状复杂、热处理易变形开裂、强度要求高、塑性和韧性好、截面尺寸不大的零件，如齿轮、凸轮轴等。贝氏体等温淬火的加热温度是 850～900 ℃，保温后迅速放入 250～350 ℃的盐浴中等温 60～90 min，出炉空冷。

### 三、蠕墨铸铁

蠕墨铸铁是铁液经过蠕化处理所获得的一种具有蠕虫状石墨的铸铁。常用的蠕化剂有稀土镁钛合金和稀土钙硅合金等。

### 1. 蠕墨铸铁的组织和性能

蠕墨铸铁中石墨形态介于片状与球状之间，图 7 – 12 所示为铁素体蠕墨铸铁，图 7 – 13 所示为珠光体蠕墨铸铁。蠕虫状石墨对钢的基体产生的应力集中和割裂现象明显减小，因此，蠕墨铸铁的力学性能优于基体相同的灰铸铁，低于球墨铸铁，但蠕墨铸铁在铸造性能、导热性能等方面要比球墨铸铁好。

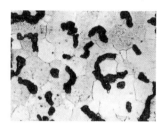

图 7 – 12　铁素体蠕墨铸铁 100 ×

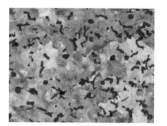

图 7 – 13　珠光体蠕墨铸铁 100 ×

### 2. 蠕墨铸铁的牌号及用途

蠕墨铸铁的牌号用"RuT + 数字"表示。RuT 表示"蠕铁"，其后的数字表示最低抗拉强度。由于蠕墨铸铁具有较好的力学性能、导热性能和铸造性能，因此，常用于制造要求受热、组织致密、强度较高、形状复杂的大型铸件。常用蠕墨铸铁的类别、牌号、力学性能及用途举例见表 7 – 3。

表 7 – 3　常用蠕墨铸铁的类别、牌号、力学性能及用途举例

| 类别 | 牌号 | $R_m$/MPa | $A$/% | 硬度/HBW | 用途举例 |
|---|---|---|---|---|---|
| 珠光体蠕墨铸铁 | RuT500 | ≥500 | ≥0.5 | 220 ~ 260 | 制造要求强度或耐磨性的零件，如活塞环、气缸套、制动盘等 |
| | RuT450 | ≥450 | ≥1.0 | 200 ~ 250 | |
| 珠光体 + 铁素体蠕墨铸铁 | RuT400 | ≥400 | ≥1.0 | 180 ~ 240 | 制造内燃机缸体和缸盖、制动鼓等 |
| | RuT350 | ≥350 | ≥1.5 | 160 ~ 220 | 制造机床底座、汽缸盖、钢锭模等 |
| 铁素体蠕墨铸铁 | RuT300 | ≥300 | ≥2.0 | 140 ~ 210 | 制造增压器壳体、排气歧管等 |

## 四、可锻铸铁

可锻铸铁俗称玛钢，它是由一定化学成分的白口铸铁经石墨化退火，使渗碳体分解获得团絮状石墨的铸铁。

### 1. 可锻铸铁的组织和性能

石墨化退火是将白口铸铁件加热到 900 ~ 980 ℃，经长时间保温，使组织中的渗碳体分解为奥氏体和石墨（团絮状），缓慢降温，奥氏体将在已形成的团絮状石墨上不断析出石墨。当冷却至 720 ~ 770 ℃时，如果缓慢冷却，则得到以铁素体为基体的黑心可锻铸铁，又称铁素体可锻铸铁，其工艺曲线如图 7 – 14 中①所示；如果快速冷却，则得到珠光体可锻铸铁，其工艺曲线如图 7 – 14 中②所示。黑心可锻铸铁的显微组织如图 7 – 15 所示，珠光体可锻铸铁的显微组织如图 7 – 16 所示。

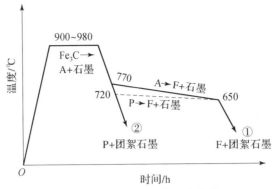

图 7 – 14　石墨化退火工艺曲线

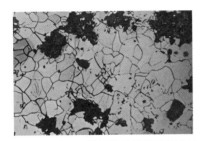

图 7 – 15　黑心可锻铸铁的显微组织 200 ×

图 7 – 16　珠光体可锻铸铁的显微组织 500 ×

　　由于可锻铸铁中的石墨呈团絮状，对其基体的割裂作用介于片状石墨与球状石墨之间，因此，可锻铸铁的力学性能介于灰铸铁与球墨铸铁之间。另外，可锻铸铁的基体不同，其宏观性能也不一样，其中黑心可锻铸铁具有较高的塑性和韧性，而珠光体可锻铸铁则具有较高的强度、硬度和耐磨性。它虽然称为可锻铸铁，但实际上可锻铸铁并不能锻造。

　　2. 可锻铸铁的牌号及用途

　　可锻铸铁的牌号由三个字母及两组数字组成。其中，前两个字母 KT 是"可铁"两字的拼音首字母；第三个字母代表类别，H 表示"黑心"（即铁素体基体），Z 表示珠光体基体，B 表示"白心"（铸件中心是珠光体，表面是铁素体）；后两组数字分别表示可锻铸铁的最低抗拉强度和最低断后伸长率。表 7 – 4 列出了常用可锻铸铁的类别、牌号、力学性能及用途举例。

表 7 – 4　常用可锻铸铁的类别、牌号、力学性能及用途举例

| 类别 | 牌号 | $R_m/\mathrm{MPa}$ | $A/\%$ | 硬度/HBW | 用途举例 |
|---|---|---|---|---|---|
| 黑心<br>可锻铸铁 | KTH300 – 06 | ≥300 | ≥6 | ≤150 | 制造管道配件，如弯头、三通、管体、阀门等 |
|  | KTH330 – 08 | ≥330 | ≥8 |  | 制造钩形扳手、铁道扣板、车轮壳和农具等 |
|  | KTH350 – 10 | ≥350 | ≥10 |  | 制造汽车、拖拉机的后桥外壳、转向机构、弹簧钢板支座等，差速器壳，电动机壳，农具等 |
|  | KTH370 – 12 | ≥370 | ≥12 |  |  |

续表

| 类别 | 牌号 | $R_m$/MPa | $A$/% | 硬度 HBW | 用途举例 |
|------|------|-----------|-------|----------|----------|
| 珠光体可锻铸铁 | KTZ550 – 04 | ≥550 | ≥4 | 180～230 | 制造曲轴、连杆、齿轮、凸轮轴、摇臂、活塞环、轴套、万向接头、农具等 |
| | KTZ700 – 02 | ≥700 | ≥2 | 240～290 | |
| 白心可锻铸铁 | KTB360 – 12 | ≥360 | ≥12 | ≤200 | 制造壁厚小于 15 mm 的铸件和焊接后不需要进行热处理的铸件等 |
| | KTB400 – 05 | ≥400 | ≥5 | ≤220 | |

与球墨铸铁相比，可锻铸铁具有质量稳定、铁液处理容易、组织流水生产简单等优点，其缺点是石墨化退火的时间比较长。在缩短可锻铸铁退火周期的技术取得进展后，可锻铸铁具有更广阔的发展前途，在汽车、拖拉机中也得到了更广泛的应用。

## 五、合金铸铁

常规元素硅、锰含量高于普通铸铁或含有其他合金元素、具有较高力学性能或某种特殊性能的铸铁，称为合金铸铁。常用的合金铸铁有耐磨铸铁、耐热铸铁及耐蚀铸铁等。

### 1. 耐磨铸铁

根据工作条件耐磨铸铁可分为两类：一类是像机床导轨、气缸套、活塞环等铸件，要求摩擦因数要小，这类铸铁称为减摩铸铁；另一类是像轧辊、抛丸机叶片、磨球等铸件，用于抵抗磨料磨损，这类铸铁称为抗磨铸铁。

普通灰铸铁具有较好的耐磨性，但对于机床导轨、气缸套、活塞环等零件来说，还远远满足不了要求。提高减摩铸铁耐磨性的途径主要是合金化和孕育处理，常见的合金元素有铜、钼、锰、硅、磷、铬、钛等，常用的孕育剂为硅碳合金。常见的减摩铸铁有含磷铸铁、钒钛铸铁、硼铸铁等三类及在它们的基础上发展起来的其他减摩铸铁，它们大多数通过改善铸铁的组织来提高耐磨性。在减摩铸铁基体中，珠光体是一种较理想的基体组织。

由于硬颗粒或凸出物而造成的材料迁移所导致的损伤称为磨粒磨损。抗磨铸铁是指用于抵抗磨粒磨损的铸铁，要求硬度高且组织均匀，金相组织通常为莱氏体、贝氏体或马氏体。抗磨铸铁包括普通白口铸铁、镍硬白口铸铁、铬系白口铸铁等。

抗磨白口铸铁的牌号由 BTM、合金元素符号和数字组成，如 BTMNi4Cr2 – DT、BTMNi4Cr2 – GT、BTMCr20Mo 等。牌号中的 DT 表示低碳，GT 表示高碳。如果牌号中有字母 Q，则表示抗磨球墨铸铁，如 QTMMn8 – 30 等。

### 2. 耐热铸铁

可以在高温下使用，且抗氧化或抗生长性能符合使用要求的铸铁，称为耐热铸铁。铸铁在反复加热、冷却时产生体积增大的现象称为铸铁的生长。在高温下铸铁产生的体积膨胀是不可逆的，这是由于铸铁内部发生氧化和石墨化引起的。因此，铸铁在高温下损坏的形式主要是在反复加热、冷却过程中发生相变（渗碳体分解）和氧化，从而引起铸铁生长及产生微裂纹。

为了提高铸铁的耐热性，常向铸铁中加入硅、铝、铬等合金元素，使铸铁表面形成一层致密的 $SiO_2$、$Al_2O_3$、$Cr_2O_3$ 等氧化膜，阻止氧化性气体渗入铸铁内部产生内氧化，从而抑制铸铁的生长。国外应用较多的耐热铸铁是铬系、镍系耐热铸铁，我国广泛应用的是硅系、铝系、铝硅系、低铬系耐热铸铁。常用耐热铸铁有 HTRCr 耐热铸铁、HTRCr2 耐热铸铁、HTRSi5 耐热铸铁、QTRSi4 耐热铸铁、QTRAl22 耐热铸铁等；如果牌号中有字母 Q，则表示该铸铁为耐热球墨铸铁，数字表示合金元素质量分数的 100 倍。耐热铸铁主要用于制造工业加热炉附件（如附炉底板、炉条）、烟道挡板、废气道、渗碳坩埚、热交换器等。

### 3. 耐蚀铸铁

能耐化学、电化学腐蚀的铸铁，称为耐蚀铸铁。耐蚀铸铁中通常加入的合金元素是硅、铝、铬、镍、钼、铜等，这些合金元素能使铸铁表面生成一层致密稳定的氧化物保护膜，从而提高耐蚀铸铁的耐蚀能力。常用的耐蚀铸铁有高硅耐蚀铸铁、高硅钼耐蚀铸铁、高铝耐蚀铸铁、高铬耐蚀铸铁、镍铸铁等。耐蚀铸铁主要用于化工机械，如管道、阀门、耐酸泵、离心泵、反应锅及容器等。

常用的高硅耐蚀铸铁的牌号有 HTSSi11Cu2CrR、HTSSi5R、HTSSi15Cr4Mo3R 等。牌号中的 HTS 表示耐蚀灰铸铁，R 表示稀土元素，数字表示合金元素质量分数的 100 倍。

**想一想**

大家想一想，在本模块开头的"案例导入"中提出的两个问题："机床床身、汽车发动机曲轴适合用哪种铸铁制造呢""其热处理工艺是怎样的呢"，通过本模块的学习就能回答这两个问题了。

（1）机床床身尺寸较大、形状复杂，工作时承受较大的压应力且振动较大，所以要求制造机床床身的材料应具有足够的抗压强度、刚度及良好的减振性，且便于加工、造价低。根据所学知识，可选择 HT200 灰铸铁或 HT250 灰铸铁制造，因为灰铸铁抗压强度高、刚度高、减振性好，且铸造性能优良，可铸造形状复杂的工件。由于机床床身尺寸较大、形状复杂，因此在冷却过程中会产生较大的内应力，为防止铸件变形或开裂，应采用去应力退火的热处理工艺消除其内应力。

（2）汽车发动机曲轴工作时承受较大负荷和不断变化的弯矩及扭矩作用，这就要求曲轴材料具有较高的刚性和疲劳强度及良好的耐磨性能。由于曲轴的结构比较复杂，因此不便于采用一般的机械加工方式加工。球墨铸铁曲轴一般采用正火处理，获得珠光体基体或珠光体＋铁素体基体组织，再进行一次去应力退火；最后为了提高其表面硬度和耐磨性，再进行感应淬火或氮化处理。

## 拓展阅读

　　曲轴是汽车发动机的关键部件之一，其性能直接影响汽车的使用寿命。曲轴工作时承受着大负荷和不断变化的弯矩及扭矩作用，常见的失效形式为弯曲疲劳断裂及轴颈磨损，因此，要求曲轴材质具有较高的刚性和疲劳强度及良好的耐磨性能。同时曲轴的结构比较复杂，不便于采用一般的机械加工方式加工。那么用什么材料制造曲轴比较合适呢？灰铸铁虽然铸造性能好，但是满足不了曲轴的使用性能要求，而用球墨铸铁制造曲轴既有制造简便、成本低廉的好处，又有吸振、耐磨、强度高、对表面裂纹不敏感等优点。因此，选用球墨铸铁中抗拉强度较高的 QT700 - 2 或 QT800 - 2 制造曲轴。球墨铸铁曲轴一般采用正火处理，获得珠光体基体或珠光体 + 铁素体基体组织，再进行一次去应力退火，最后为了提高其表面硬度和耐磨性，再进行感应淬火或氮化处理。

## 【创新思考】

（1）请说出你在生产或生活中熟悉的铸铁制品。

（2）为何以上制品要用铸铁制造？

（3）以上制品若用其他材料替代，那么你认为哪种材料合适？

## 综合训练

### 一、名词解释

1. 白口铸铁。

2. 灰口铸铁。

3. 麻口铸铁。

4. 合金铸铁。

### 二、填空题

1. 根据铸铁中石墨形态的不同，铸铁分为_____铸铁、_____铸铁、_____铸铁和_____铸铁。

2. 灰铸铁的工艺性能：具有良好的_____性、_____性、_____性、_____性及较低的_____性等。

3. 按基体组织的不同，球墨铸铁可分为_____球墨铸铁，铁素体 - 珠光体球墨铸铁和_____球墨铸铁等。

4. 球墨铸铁常用的热处理工艺有_____、_____、_____、贝氏体等温淬火等。

5. 可锻铸铁是由一定化学成分的_____经高温长时间的_____，使_____分解获得_____石墨的铸铁。

6. 常用的合金铸铁有_____铸铁、_____铸铁和_____铸铁等。

7. 耐磨铸铁包括_____铸铁和_____铸铁两大类。

### 三、选择题

1. 为下列零件正确选材。

机床床身用_____，汽车后桥外壳用_____，柴油机曲轴用_____，排气管用_____。

  A. RuT300 蠕墨铸铁       B. QT700 – 2 球墨铸铁

  C. KTH330 – 10 可锻铸铁     D. HT200 灰铸铁

 2. 普通灰铸铁的力学性能主要取决于_____。

  A. 基体组织     B. 石墨的大小和分布    C. 石墨化程度

**四、判断题**

1. 可通过热处理来明显改善灰铸铁的力学性能。       （  ）

2. 由于可锻铸铁比灰铸铁的塑性好，因此，可锻铸铁可以进行锻造。 （  ）

3. 可锻铸铁一般适用于薄壁、形状较复杂、韧性要求较高的铸件。 （  ）

4. 白口铸铁硬度高，可用于制造刀具。         （  ）

5. 因为片状石墨的影响，灰铸铁的各项力学性能指标均远低于钢的力学性能指标。

                       （  ）

6. 铸铁在反复加热、冷却时产生体积增大的现象称为铸铁的生长。 （  ）

**五、简答题**

1. 影响铸铁石墨化的因素有哪些？

2. 为什么机床的床身、各种机器的底座、箱体等构件都采用灰铸铁制造？若采用钢材制造，有什么缺点？

3. 球墨铸铁是如何获得的？它与相同基体的灰铸铁相比，突出的性能特点是什么？

4. 下列牌号各表示什么铸铁？牌号中的数字表示什么意义？

  HT250   QT700 – 2   KTH330 – 08   KTZ550 – 04   RuT420

# 任务评价

  任务评价见表 7 – 5。

表 7 – 5 任务评价表

| 评价目标 | 评价内容 | 完成情况 | 得分 |
| --- | --- | --- | --- |
| 素养目标 | 培养学生的工匠精神 | | |
| | 培养学生的文明意识、效率意识、环保意识 | | |
| | 培养学生的科学思维方式 | | |
| 技能目标 | 能够识别铸铁的牌号 | | |
| | 能够合理选用铸铁 | | |
| | 能够根据技术要求制定铸铁的热处理工艺 | | |
| 知识目标 | 掌握铸铁的分类方法 | | |
| | 掌握铸铁牌号的编排原则 | | |
| | 掌握铸铁的牌号、种类、性能、热处理工艺及常见用途 | | |

引导语

各种机械产品，由于它们的用途、工作条件等的不同，对其组成的零部件也有着不同的要求，具体表现在受载力、形式及性质的不同，以及受力状态、工作温度、环境介质、摩擦条件等的不同。例如，对于航空燃气轮机发动机，涡轮叶片是整机中工作环境最恶劣的部分，所以对其制造材料的要求自然较高，要求材料耐高温、耐腐蚀、高蠕变和耐疲劳性，以及高温下具有一定的机械强度。因此，通常使用镍基高温等合金。此外，由于航空发动机使用次数较多，因此所选用的材料也将直接影响发动机的使用寿命。而对于火箭发动机来说，由于时间短，因此只需在短时间内具有良好的性能即可，所以两者在材料选择方面就不同。本单元介绍金属材料选用原则及典型零件实例。

**知识图谱**

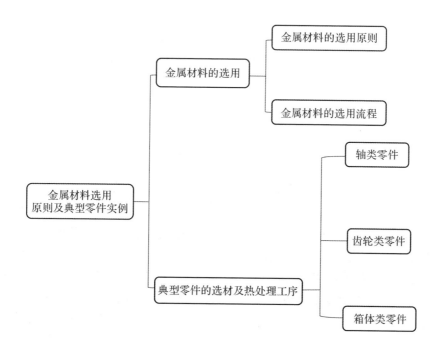

**学习目标**

知识目标

(1) 掌握金属材料选用的一般原则。

(2) 掌握金属材料选用的具体流程。

技能目标

(1) 能够合理选择零件的材料。

(2) 能够合理安排典型零件的热处理工序。

(3) 能够自主设计更多零件的热处理工序。

素养目标

(1) 了解我国能源结构调整及热处理行业现状。

(2) 了解金属材料选用的环境资源保护原则及可持续发展理念。

(3) 培养学生勇于探索的科学精神。

<h1 style="text-align:center">学习模块一　金属材料的选用</h1>

## 【案例导入】

在严寒地区，随着温度的降低，钢材的强度提高，同时塑性、韧性降低，脆性增大。严寒地区选用的钢材，脆性临界温度应低于环境最低温度，否则钢材会因脆性而降低钢材的强度。低温环境下要使用低温冲击韧性较好的低温合金钢，也就是在比常温下限（约 $-10\ ℃$）更低的温度下使用的钢材，其中具有代表性的钢种有很多。例如，Q355D钢，它可耐 $-20\ ℃$ 低温冲击，E 级别则可耐 $-40\ ℃$ 低温冲击。请问在高温环境下一般选用何种金属材料？选用金属材料时，除了温度外还应考虑哪些因素？下面一起来学习金属材料的选用原则和选用流程。

## 【知识内容】

### 一、金属材料的选用原则

生产机械产品的核心是为了提供质优价廉的产品。如果机械产品的制造材料选择不合理，则可能会造成机械产品制造成本的增加或影响机械产品质量，从而降低机械产品的竞争力；相反，如果机械产品的制造材料选择合理，则产品质量稳定、价格低廉。选用制造材料是一个比较复杂的系统工程，需从多方面综合考虑。

热处理是改善机械零件使用性能的重要方法之一。在其制造过程中，如何合理地选择和使用金属材料是一项十分重要的工作。不仅要考虑材料的性能是否适应零件的工作条件，使零件经久耐用，而且要求材料有较好的加工工艺性能和经济性，以提高零件的产量、降低成本、减少消耗等。

金属材料的选用应综合考虑材料的使用性能、工艺性能、经济性要求及特殊环境，才能使材料得到最佳利用、发挥最大作用、最大限度地满足工作需要，达到材尽其用、用得其所的效果。

### 1. 满足使用性能原则

制造材料要保证零件在正常工作状态下具备必须的性能，包括力学性能、物理性能和化学性能。零件的使用性能主要是指材料的力学性能，一般选材时，应根据零件的工作条件和失效形式，准确找出该零件所选材料的主要力学性能指标。

由于零件的用途、工作条件等的不同，对制造材料也自然有着不同的要求。例如，对于承受拉伸压缩载荷的零件，要求其材料具有较好的抗压强度、屈服强度和屈强比。若这类零件承受的载荷很大，则可以选用 35GrMo 钢等合金调质钢，以满足高屈服强度和高淬透性的要求；若这类零件承受的载荷较大，则可以选用 45 钢等中碳优质碳素钢；若这类零件承受的载荷不大，则可以选用碳素结构钢，如 Q235 钢等。

### 2. 选材要兼顾材料的工艺性能原则

任何一个零件都要通过加工生产制造而成，材料的工艺性能是指材料适应某种加工的难易程度。加工的难易程度必然会影响到产品的生产率和加工成本及产品质量。材料工艺性能的好坏对零件的加工生产有直接的影响。良好的工艺性能不仅可以保证零件的制造质量，而且有利于提高产品的生产率和降低成本。金属材料的工艺性能包括铸造性能、压力加工性能、焊接性能、切削加工性能等。

（1）铸造性能：要求高流动性，低体积收缩性，疏松、缩孔偏析和吸气性倾向。共晶成分的合金铸造性能良好。

（2）压力加工性能：包括冷、热压力加工，要求高塑性，低变形抗力，可热加工的温度范围、抗氧化性和加热、冷却要求等。变形铝合金、铜合金、低碳钢的压力加工性能好，高碳钢较差，铸铁则不能锻造。

（3）焊接性能：是指焊缝处形成冷裂或热裂及气孔的倾向。钢含碳量越高，焊接性能越差，故可以把钢中含碳量的多少作为判断钢材焊接性能的主要依据。低碳钢的焊接性能好，高碳钢及铸铁的焊接性能差。

（4）切削加工性能：小切削抗力，加工零件的表面粗糙度低，排屑容易，刀具磨损小。钢材的硬度、强度越低，切削时抗力越小，刀具磨损就越慢，刀具寿命也就越长。但当塑性过高时，在切削过程中，刀具的刃口部分易形成切削瘤，而且发生粘刀现象，使刀具寿命降低。此外，加工后的零件表面粗糙度高，显然也对切削加工不利。

零件的形状、尺寸精度和性能要求不同，采用的成形方法也不同。一般说来，碳钢的锻造、切削加工等工艺性能较好，其力学性能也可以满足一般零件工作条件的要求，因此，碳钢的用途较广。但它的强度还不够高，淬透性较差，所以，制造大截面、形状复杂和高强度的淬火零件，常选用合金钢，因为合金钢淬透性好、强度高，但同时合金钢的锻造、切削加工等工艺性能较差。

### 3. 选材的经济性原则

除同时满足使用性能和工艺性能要求外，还应充分考虑材料的经济性。经济性是指材料的总成本，包括材料本身的价格和与其生产有关的其他一切费用，甚至包括运输和安装费用。产品的总成本越低，获得的经济效益越大，产品在市场上就有更强的竞争力。所以，在满足使用要求的前提下，应尽可能选用较为廉价的材料。在金属材料中，碳钢和铸铁的价格是相对较低的，且具有较好的加工工艺性能，选用碳钢、铸铁可降低产品成本。

必要时也可选用合金钢或非铁金属材料，以满足更高的性能要求。

### 4. 特殊环境下工作材料的选择

特殊的工作环境对金属材料提出了特殊的性能（如耐腐蚀、耐热、导热、导电、导磁等）要求。例如，储存酸、碱的容器和管道等，需要选择耐蚀性好的金属材料，如耐蚀铸铁、耐候钢、不锈钢、钛及钛合金等金属材料；在高温下工作的零件，需要选择耐热铸铁、耐热钢、钛及钛合金、高温合金等金属材料；耐高温、耐腐蚀、质量小的零件，应选择钛合金等金属材料。

### 二、金属材料的选用流程

（1）分析零件的工作条件及失效形式，提出关键的性能要求，同时兼顾其他性能。

（2）对照成熟产品相同类型的零件，采用经验类比法。

（3）确定零件应具有的主要性能指标值。

（4）初步选定材料牌号，并确定其热处理工序。

（5）关键零件批量生产前要进行试验，初步确定其材料选择、热处理工序是否合理，待试验结果满意后，再逐步批量生产。

**想一想**

本学习模块开头的"案例导入"中举例，严寒地区的钢材应选用脆性临界温度低于环境最低温度的材料，低温环境下要使用低温冲击韧性较好的低温合金钢。学习本模块后，运用相关知识分析得出，在高温环境下应该选用耐高温金属，它是为温度足以熔化普通材料的高温应用而设计的。几乎所有能够承受500 ℃及以上温度的金属材料都可称为耐高温金属。这些金属材料通常都是合金，这些合金元素是根据部件的耐热性要求而选择的。高温合金材料经常用于航空航天工业、军事应用、电子应用及其他极端高温环境中，如镍基合金，钛合金等。

除了温度外，零件的使用条件、工艺性能和经济性都是要考虑的选用因素。大家想一想，有哪些在高温条件下使用的耐热钢实例呢？

## 拓 展 阅 读

上述选用的金属材料大多是钢和铸铁，还可根据需要选用一些新型的金属材料。目前，市场上已经存在的新型金属材料主要有以下几种。

### 1. 形状记忆合金

形状记忆合金是一种新型金属材料，用这种合金做成的金属丝，即使将它揉成一团，但只要达到某个温度，它便能在瞬间恢复原来的形状。

### 2. 储氢合金

储氢合金是一种新型合金，一定条件下能"吸收"氢气，一定条件下又能"放出"氢气，循环寿命性能优异，可用于大型电池，尤其是电动车辆、混合动力电动车辆、高功率应用等。目前储氢合金主要有钛系、锆系、铁系及稀土系储氢合金。某些金属具有很强的捕捉氢的能力，在一定的温度和压力条件下，这些金属能够大量"吸收"氢气，反应生成金属氢化物，同时放出热量。之后，将这些金属氢化物加热，它们又会分解，将"吸收"的氢气"放出"。

3. 纳米金属材料

纳米金属材料是金属材料经严重塑性形变后，微观组织显著细化，晶粒细化至亚微米（$0.1\sim1\ \mu m$）所得到的材料，其强度大幅度提高。但进一步塑性形变时晶粒不再细化，微观结构趋于稳态，达到极限晶粒尺寸，形成三维等轴状超细晶结构，绝大多数晶界为大角晶界。出现这种极限晶粒尺寸的原因是位错增殖主导的晶粒细化与晶界迁移主导的晶粒粗化相平衡，其实质是超细晶结构的稳定性随晶粒尺寸减小而降低所致。

4. 金属间化合物

钢中的过渡族金属元素之间会形成一系列金属间化合物，即金属与金属、金属与准金属形成的化合物。它们的形成原因，除了原子尺寸因素起作用外，也受电子浓度因素的影响。合金元素对钢的临界点、钢在加热和冷却过程中的组织转变都有着显著影响。在钢中加入合金元素，经过热处理可影响钢中的组织转变，改变钢的组织，以得到不同的钢的性能。

5. 非晶态金属

非晶态金属是指在原子尺度上结构无序的一种金属材料。大部分金属材料具有很高的有序结构，原子呈现周期性排列（晶体），表现为平移对称、旋转对称、镜面对称、角对称（准晶体）等。而与此相反，非晶态金属不具有任何的长程有序结构，但具有短程有序结构和中程有序结构（中程有序结构正在研究中）。一般具有这种无序结构的非晶态金属可以从其液体状态直接冷却得到，故又称玻璃态，所以非晶态金属又称金属玻璃或玻璃态金属。

## 【创新思考】

（1）请说出汽车车身可选用何种金属材料制成。

（2）列出此种金属材料的选用流程。

（3）若用其他材料替代，你认为哪种更合适?

## 学习模块二　典型零件的选材及热处理工序

## 【案例导入】

五金工具中的扳手、起子、钳子、剪刀等手工工具是最早进行锻造余热淬火工艺的。将工具要淬火的部位放在焦炭炉中加热，根据其火色，进行锻造，有的需多次淬火才能加工到既定尺寸，最后一次淬火锻造成形后不要空冷，而应根据材料，选择合适的冷却剂，然后放在炉边回火或采用自身余热回火，很少采用专用的回火炉。那么怎样安排材料的热处理工序，使其强度和韧性都得以保证呢? 本模块将学习典型零件的选材及其热处理工序。

## 【知识内容】

机械零件的材料及毛坯类别选定之后，主要靠热处理工艺来实现零件所要求的力学性能。因此，要根据热处理的目的和工序作用，合理安排热处理工序在加工工艺路线中的位置。

预备热处理包括退火、正火、调质等。退火和正火的工序位置一般安排在毛坯生产之后、切削加工之前，或粗加工之后、精加工之前，目的是消除残余应力，改善切削加工性能，为最终热处理做准备。精密零件，为了消除切削加工残余应力，在切削加工工序之后还应安排去应力退火。调质即在淬火后再经高温回火处理，其目的在于使钢铁零部件获得综合的力学性能，既有较高的强度，又有优良的韧性、塑性、切削加工性能等。一些合金钢或低合金钢必须经调质后才可获得良好的综合性能。

最终热处理包括各种淬火、回火及化学热处理等。零件经这类热处理后硬度较高，除磨削外，不再适宜其他切削加工，因此其工序位置应尽量靠后，一般安排在半精加工之后、磨削加工之前。整体淬火与表面淬火的工序位置安排基本相同。对于表面淬火件，为了提高其心部力学性能，则需先进行正火或调质处理。因表面淬火件的变形小，故其磨削余量也比整体淬火件小。

下面以几种典型零件为例分析其选材及热处理工序位置。

### 一、轴类零件

轴类零件用于支承传动零件并传递运动和动力，是机床中主要零件之一，其质量好坏直接影响机床的精度和寿命。在选用轴类材料和热处理工艺时，必须考虑其工作条件和性能要求。

轴类零件工作时高速旋转，承受交变扭转载荷、交变弯曲载荷或拉压载荷；机床主轴的某些部位承受着不同程度的摩擦，特别是轴颈部分与其他零件配合处承受摩擦与磨损。因此，要求轴类零件的材料应具备综合的力学性能，即高强度和高塑性，韧性良好，以防过载和冲击断裂。局部承受摩擦的部位还应具备高硬度和耐磨性，防止磨损失效。下面介绍轴类零件的选材及热处理工序。

（1）机床主轴主要承受交变弯曲应力和扭转应力，有时也承受冲击载荷作用，轴颈和锥孔表面承受摩擦。载荷和转速不高的情况下选用材料为 45 钢；载荷较大的车床主轴选用材料为 40Cr 钢等。

如图 8 - 1 所示，以 C616 车床主轴为例，该主轴由滚动轴承支承工作，承受中等循环载荷及一定冲击载荷的作用，转速较低，受冲击较小，故材料具有一般综合力学性能即可满足要求。根据上述工作条件分析，该主轴可选 45 钢制造。

热处理工序为下料→锻造→正火→粗加工→调质→精加工（花键除外）→内锥孔及外圆锥面局部淬火＋低温回火→粗磨（外圆、内锥孔及外圆锥面）→铣花键→花键高频感应淬火＋低温回火→精磨。

正火是为了消除锻造残余应力，调整硬度便于切削加工，为调质做准备。主轴整体调质，可获得综合力学性能，提高疲劳强度和抗冲击能力。内锥孔及外圆锥面局部淬火＋低温回火，可提高其表面的硬度和耐磨性，但应注意保护键槽淬硬，故宜采用快速加热淬火。

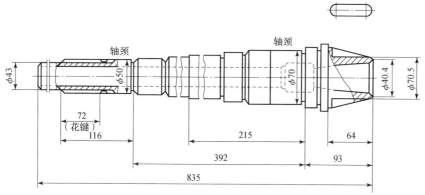

图 8 - 1　C616 车床主轴结构尺寸图

花键部位采用高频感应淬火 + 低温回火，减少变形，并达到表面淬硬的目的。由于主轴较长，且锥孔与外圆锥面对两轴颈的同轴度要求较高，故锥部淬火应与花键部位淬火分开进行，以减少淬火变形。随后用粗磨纠正淬火变形，再进行花键的加工与淬火，其变形可通过最后的精磨予以消除。

（2）内燃机曲轴。曲轴是内燃机中形状复杂而又重要的零件之一，它在工作时承受内燃机周期性变化的气体压力、曲柄连杆机构的惯性力、扭转和弯曲应力及冲击力等。此外，在内燃机中还存在扭转振动的影响，也会产生很大的应力。曲轴将连杆的往复传递动力转化为旋转运动，并输出至变速机构，因此，对曲轴的性能要求是高强度，一定的冲击韧性和弯曲、扭转疲劳强度，在轴颈处要求有高硬度和耐磨性。低速内燃机曲轴一般采用正火的 45 钢或球墨铸铁；中速曲轴选用调质的 45 钢或中碳合金钢，如 40Cr 钢；高速曲轴用高强度合金钢，如 35CrMo 钢、42CrMo 钢。

热处理工序为下料→锻造→正火→粗加工→调质→精加工→轴颈部位表面淬火 + 低温回火→精磨。

正火的目的是消除锻造应力，调整硬度，便于切削加工，改善锻造组织，为调质做准备。调质可以获得高综合力学性能，提高疲劳强度和抗冲击能力。轴颈部位表面淬火 + 低温回火可使轴颈部位获得高硬度和高耐磨性。在有高频设备的条件下，对轴颈处的表面淬火可进一步提高其硬度和耐磨性。

## 二、齿轮类零件

齿轮作为传动机械元件，在整个机械领域中应用极其广泛，常用在机床、汽车、拖拉机中。齿轮用于传递力矩和调节速度，在工作中一般承受一定程度的弯曲、扭转载荷及周期性冲击力的作用，齿面承受滚动、滑动造成的强烈摩擦磨损和交变的接触应力。因此，要求齿轮材料具有高弯曲疲劳强度和接触疲劳强度；齿面有高硬度和耐磨性；齿轮心部有足够高的强度和韧性。根据工作条件不同，选材比较广泛。下面介绍齿轮类零件的选材及热处理工序。

（1）机床齿轮主要用于传递动力，改变运动速度和方向，转速中等，载荷不大，无强烈冲击，齿轮心部强度和韧性要求不高。一般采用合金调质钢，如 45 钢、40Cr 钢、40MnB 钢等。

热处理工序为备料→锻造→正火→机械粗加工→调质→机械精加工→齿部高频表面淬火 + 低温回火→精磨。

正火可消除锻造应力，且使组织细化均匀。调质可提高齿轮心部的综合力学性能，以承受交变弯曲应力和冲击载荷，还可减少高频淬火变形。齿部高频表面淬火可提高齿面硬度、耐磨性和抗疲劳点蚀的能力。低温回火可消除淬火应力，提高抗冲击能力，并可防止产生磨裂纹。

（2）汽车、拖拉机齿轮齿面在较高的载荷（冲击载荷和交变载荷等）下工作，因此，其磨损较快。根据该齿轮的工作特点，结合其使用要求，应选用低合金渗碳钢，常选用20Cr钢、20CrMnTi钢和20MnVB钢等。一是含碳量低，可使齿轮心部具有良好的韧性；二是合金元素铬和锰的存在提高了钢的淬透性，提高了其强度，可减少齿轮的变形量。

热处理工序为下料→锻造→正火→粗加工→渗碳＋淬火＋低温回火→喷丸→精磨。

正火的目的是均匀和细化晶粒，消除锻造残余应力，改善切削加工性能。渗碳＋淬火＋低温回火的目的是提高齿面硬度和耐磨性，并使心部获得低碳马氏体组织，从而具有足够高的韧性，防止磨削加工时产生裂纹。喷丸处理可使零件渗碳层表面压应力进一步增大，以提高其疲劳强度。

### 三、箱体类零件

箱体零件是机器的基础零件，其作用是保证箱体内各零部件的正确相对位置，使运动零件能协调运转及承受内部零件间的作用力及它们的质量。箱体类零件一般多为铸件，外部或内腔结构较复杂，如机器底座、汽缸体、液压缸、齿轮箱等。箱体类零件一般起支承、容纳、定位及密封等作用，因此，要求箱体类零件应具备较高的抗压强度，以便有足够的支承力，可承托起其他结构和载荷；还应具有高尺寸、形状精度，才能起到定位准确、密封的作用；另外，还应具备较高的稳定性，以满足工作性能要求。下面介绍箱体类零件的选材及热处理工序。

箱体类零件材料及热处理工序的选择主要根据其工作条件要求来确定。制造箱体类零件的常用材料有铸铁和铸钢两大类。对于受力小和不重要的箱体可选用低牌号的灰铸铁，如HT100灰铸铁、HT150灰铸铁等；对于受力较大和较重要的箱体则应选用高牌号的灰铸铁，如HT200灰铸铁、HT300灰铸铁等；对于强度、韧性和耐磨性要求较高的箱体，可选用球墨铸铁，如QT400－18球墨铸铁、QT500－07球墨铸铁等；而对于承受较复杂交变应力和较大冲击载荷及对焊接性要求高的箱体，则选用铸钢来生产，如ZG270－500钢、ZG310－570钢。

以普通卧式车床床身为例，分析其选材和热处理工序。该床身主要用来支承和安装车床的各个部件，如主轴箱、进给箱、溜板箱、滑板、尾座等。床身上面有精确的导轨，滑板和尾座可沿着导轨移动。

根据上述工作条件分析，制造该床身可选用HT200灰铸铁。这是因为HT200灰铸铁具有较高的抗压强度，能承受其他部件安装所给予的载荷；HT200灰铸铁具有优良的铸造性能，能获得形状和尺寸准确的优质床身铸件，保证主轴箱、尾座等各部件的正确安装；HT200灰铸铁具有良好的减振性能，适宜制造承受压力和振动的机床床身；而且，HT200灰铸铁还具有较好的切削加工性能，方便对床身上某些部位做进一步机械加工。

热处理工序为下料→铸造→去应力退火→粗加工→床身铸件稳定化处理→半精加工→床身上导轨表面淬火→磨削精加工。

去应力退火的目的是消除铸造生产中的内应力，改善切削加工性能。床身铸件稳定化处理，是将铸造应力和粗加工形成的切削应力一并消除和均匀化，以保证床身的尺寸、形状精度和稳定性。床身上导轨表面淬火可得到马氏体基体和片状石墨组织，从而达到提高导轨硬度和耐磨性的目的。

想一想

本学习模块开头的"案例导入"中举例了五金工具的选材和热处理工序。学习本模块后，运用相关知识分析可以得出结论。这里以剪刀为例，国内主要采用 5CrW2Si 钢、9CrSi 钢、Cr12MoV 钢制造剪刀，由于工作条件差异大，其工作硬度范围也大，通常在 42～61 HRC 之间。为减少淬火内应力，提高刀刃抗冲击能力，一般采用热浴淬火。大型剪刀采用热浴淬火有困难，可以用间断淬火工艺，即加热保温后先油冷至 200～250 ℃，再转为空冷至 80～140 ℃后，立即进行预回火（150～200 ℃），最好再进行正式回火。

## 拓 展 阅 读

除了常见的一些热处理工艺外，这里介绍一些生产中新的热处理工艺。

### 1. 接触电阻加热淬火

接触电阻加热淬火的原理是将低压电流通过电极与工件间的接触电阻，使工件表面快速加热，并借助其自身热传导实现快速冷却而淬火，如图 8-2 所示。这一方法的优点是设备简单、操作方便、易于自动化、工件畸变极小、不需要回火、能显著提高工件的耐磨性和抗擦伤能力；但淬硬层较薄（0.15～0.35 mm），显微组织和硬度均匀性较差。这种方法多用于铸铁做的机床导轨的表面淬火，应用范围不广。

图 8-2　接触电阻加热淬火

### 2. 电解加热淬火

电解加热淬火是指通过对钢件表面的加热、冷却，从而改变表层力学性能的金属热处理工艺。表面淬火是表面热处理的主要内容，其目的是获得高硬度的表面层和有利的内应力分布，以提高工件的耐磨性和抗疲劳性。电解加热淬火是向电解液通入较高电压（150～300 V）的直流电，电解液因电离作用而发生导电现象，于负极放出氢气、正极放出氧气。氢气围绕负极周围形成气膜，电阻较大，电流通过时产生大量的热使负极加热。淬火时，将没入电解液的工件接负极，电解液槽接正极，当接通电源时，工件没入电解液的部分便被加热（5～10 s 即可达到淬火温度）。断电后，工件在电解液中冷却，也可取出放入另设的淬火槽中冷却。

**3. 采用新的表面强化技术和推广氮基气氛的热处理**

原有的工具表面处理方法仅限于蒸汽处理、氧氮化处理等陈旧方法，一般只能提高工具寿命30%~50%。自20世纪80年代以来，我国先后独立开发和从国外引进了QPQ盐浴复合处理技术和PVD氧化钛物理涂层技术。前者可以稳定提高工具寿命2~3倍，设备简单，成本低廉，特别适用于普通刀具；后者可以提高刀具寿命3~5倍，适用于各种精密贵重的齿轮刀具。氮基气氛用于保护热处理和化学热处理，可以实现无氧化、无脱碳热处理，并可以避免热处理氮脆。氮基气氛的化学热处理，可以减少内氧化等缺陷，提高化学热处理质量。

除上述介绍的新的热处理工艺之外，还有可控气氛热处理、淬火介质与冷却技术、零下处理技术、低压渗氮技术、物理蒸镀技术等现代热处理工艺。随着科技水平的发展，传统热处理工艺因效率低、污染环境等因素必然会被升级后的新的热处理工艺所替代，现代热处理工艺未来前景广阔。

## 【创新思考】

（1）请说出你熟悉的热处理工艺。

（2）此热处理工艺主要有什么作用？

## 综合训练

### 一、简答题

1. 选用低碳钢和中碳钢齿轮各一个，为了使齿轮表面具有高的硬度和耐磨性，试问应分别进行怎样的热处理？比较热处理后它们在组织与性能上的异同点。

2. 车床变速箱传动齿轮在工作中承受一定的弯曲、扭转载荷及冲击力，速度中等，现选用45钢制造，其热处理技术条件为调质，230~280 HBW；齿面为高频感应淬火，50~54 HRC。试确定热处理工序，并指出热处理的目的。

3. 现有一批T10钢制作的简单刀具，成品刃部硬度要求在58 HRC以上，柄部硬度为30~35 HRC，热处理工序为下料锻造→热处理1→切削加工→热处理2→磨削。试写出热处理工序中具体的内容。

4. 从下列材料中选择一种材料制造车刀：60Mn钢、40Cr钢、HT150灰铸铁和9SiCr钢，其热处理工序为锻造→热处理1→机械加工→热处理2→磨加工。写出热处理1、热处理2的工艺名称及热处理2获得的组织。

5. 简述图8-3所示曲轴的热处理工序及其制定原则（下料→锻造→调质→机械加工→感应淬火(或化学热处理)→(滚压)→精加工）。

6. 由T12钢材料制成的丝锥，硬度要求为60~64 HRC。生产中混入了45钢料，如果按T12钢进行淬火＋低温回火处理，请问其中45钢制成的丝锥，其性能能否达到要求？为什么？

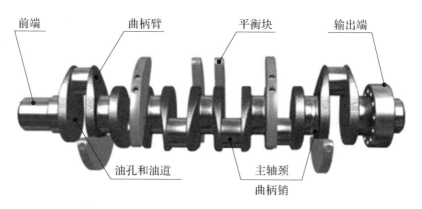

图 8 - 3　曲轴

7. 车床主轴要求轴颈部位硬度为 54~58 HRC，其余地方为 20~25 HRC，其热处理工序为下料→锻造→正火→机械加工（粗）→调质→机械加工（精）→轴颈表面淬火 + 低温回火→磨加工。试说明以下几个问题。

（1）主轴应采用的材料。

（2）正火和调质的目的和大致热处理工艺。

（3）表面淬火的目的。

（4）低温回火的目的及工艺。

（5）轴颈表面组织和其余地方组织。

8. 氮化零件热处理工序为下料→锻造→退火→粗加工→调质→精加工→去应力退火→粗磨→渗氮→精磨或研磨，简述各个热处理工艺的目的和意义。

9. 某工厂生产一种柴油机的凸轮，要求其表面具有高硬度（＞50 HRC），而零件心部具有良好的韧性，本来是选用 45 钢经调质处理后再在凸轮表面上进行高频淬火，最后进行低温回火。现因工厂库存的 45 钢已用完，只剩下 15 钢，试说明以下几个问题。

（1）计划用 45 钢各个热处理工艺的目的。

（2）改用 15 钢后，仍按 45 钢的上述热处理工序进行处理，能否满足零件的性能要求，并描述原因。

10. 用 20CrMnTi 钢为材料制造汽车变速箱齿轮，试制定其热处理工序。请采用调质和渗碳两种方法，并比较两者区别。

11. 制造受重载荷作用的齿轮，供选择的材料有 16Mn 钢、20Cr 钢、45 钢、T8 钢和 Cr12 钢。

（1）选择合适的材料。

（2）制定简明的热处理工序。

## 任务评价

任务评价见表 8 – 1。

表 8 – 1　任务评价表

| 评价目标 | 评价内容 | 完成情况 | 得分 |
|---|---|---|---|
| 素养目标 | 了解我国能源结构调整及热处理行业现状 | | |
| | 了解金属材料选用的环境资源保护原则及可持续发展理念 | | |
| | 培养学生勇于探索的科学精神 | | |
| 技能目标 | 能够合理选择零件的材料 | | |
| | 能够合理安排典型零件的热处理工序 | | |
| | 能够自主设计更多零件的热处理工序 | | |
| 知识目标 | 掌握金属材料选用的一般原则 | | |
| | 掌握金属材料选用的具体流程 | | |

在前面的学习单元中学习的钢、铁均是铁和碳组成的合金，又称黑色金属。以非铁金属为主要成分并加入其他元素所构成的一系列合金称为非铁合金，又称有色金属。非铁合金种类较多、用途广泛，特别是在航空航天工业中，有其独特的优势。本学习单元简单介绍工业中常用的铝及铝合金、铜及铜合金、滑动轴承合金、钛及钛合金。

**知识图谱**

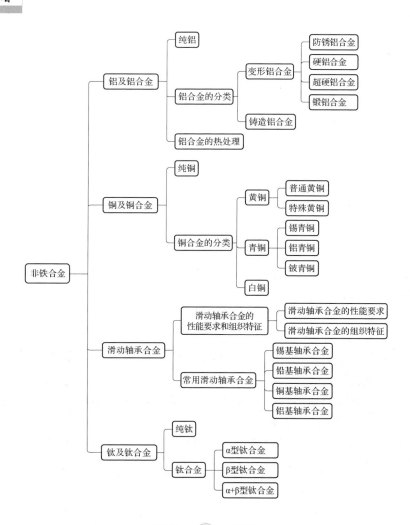

**学习目标**

知识目标

熟悉铝及铝合金、铜及铜合金、滑动轴承合金、钛及钛合金的性能特点及用途。

技能目标

能够在工程实践中根据需要正确选用铝合金、铜合金、滑动轴承合金、钛合金等。

素养目标

(1) 激发学生的爱国主义情怀，增强文化自信。

(2) 提高学生善于思考、勇于创新的能力。

# 学习模块一　铝及铝合金

## 【案例导入】

2022 年，我国机动车保有量达 4.17 亿辆，为了响应"环保"这一时代主题，汽车行业一直致力于轻量化，以达到节能减排的目的。对汽车而言，若整车装备质量降低 10%，则其燃油经济性可提高 6%~8%，尾气排放可减少 5%~6%，对环境大有裨益。轻质材料在汽车上的应用占比越来越高。铝合金密度比钢小、耐腐蚀性好、成形性能较高、安全性较高，是目前汽车轻量化的最优选材料之一。

汽车上哪些零件是铝合金材料？生产生活中常见的铝制品还有哪些？铝及铝合金的性能特点及用途有哪些？请带着疑问一起学习本模块的知识内容吧。

## 【知识内容】

### 一、纯铝

纯铝具有以下特点。

(1) 纯铝呈银白色，密度为 2.7 g/cm³，为铁密度的 1/3，熔点为 660 ℃。

(2) 纯铝的强度低，$\sigma_b$ = 80~100 MPa，塑性好，断后伸长率 A 为 30%~50%，可以通过变形加工，使纯铝的强度提高。

(3) 纯铝的导电、导热性能良好，仅次于银、铜、金，位列第四位。

(4) 纯铝抗腐蚀能力强，铝在空气中容易与氧反应形成 $Al_2O_3$ 致密氧化膜，能够防止内层金属和氧接触发生氧化。

纯铝具有面心立方晶格结构，结晶后无同素异构转变，因此，铝的热处理原理和钢不同。

纯度是纯铝的重要指标，工业纯铝中常见的杂质是铁和硅，杂质越多，其导电性、导热性、塑性、耐蚀性就变得越差。纯铝的牌号和主要化学成分见表 9-1。

表 9 – 1　纯铝的牌号和主要化学成分 $W_c$

| 牌号 | 主要化学成分/% | | | | | | | | |
|------|------|------|------|------|------|------|------|------|------|
| | Si | Fe | Cu | Mn | Mg | Cr | Zn | Ti | Al |
| 1A95 | 0.030 | 0.030 | 0.010 | — | — | — | — | — | 99.95 |
| 1A97 | 0.015 | 0.015 | 0.005 | — | — | — | — | — | 99.97 |
| 1A99 | 0.003 | 0.003 | 0.005 | — | — | — | — | — | 99.99 |
| 1035 | 0.35 | 0.6 | 0.10 | 0.05 | 0.05 | — | 0.10 | 0.03 | 99.35 |
| 1050 | 0.25 | 0.40 | 0.05 | 0.05 | 0.05 | — | 0.05 | 0.03 | 99.50 |
| 1050A | 0.25 | 0.40 | 0.05 | 0.05 | 0.05 | — | 0.07 | 0.05 | 99.50 |
| 1200 | 1.00Si + Fe | | 0.05 | 0.05 | — | — | 0.10 | 0.05 | 99.00 |
| 1235 | 0.65Si + Fe | | 0.05 | 0.05 | 0.05 | — | 0.10 | 0.06 | 99.35 |
| 1350 | 0.10 | 0.40 | 0.05 | 0.01 | — | 0.01 | 0.05 | — | 99.50 |

## 二、铝合金的分类

　　由于纯铝的强度低，在工业中不宜直接作为承受载荷的结构材料。为提高铝的强度，可以在纯铝中加入硅、铜、镁、锌、锰等元素形成铝合金。目前铝合金的强度已提高到 $\sigma_b = 500 \sim 600$ MPa，接近普通钢的强度，但由于铝的密度较小，所以比强度（强度与密度的比）甚至比钢还高。铝合金同时还具有纯铝的一些特点，如导热性好、耐大气腐蚀等，所以铝合金在航空航天、汽车制造等领域得到广泛应用。

　　根据铝合金的化学成分和生产工艺特点，可将铝合金分为变形铝合金和铸造铝合金两大类。工程上使用的铝合金大多可用图 9 – 1 表示。如图 9 – 1 所示，凡是合金元素含量在 $D'$ 点以左的铝合金，在加热到较高温度时，能形成单相固溶体组织，此类铝合金的塑性较好，适用于压力加工，称为变形铝合金。合金元素含量在 $D'$ 点以右的铝合金，因为有共晶反应所生成的共晶组织，液态流动性较好，适用于铸造，称为铸造铝合金。

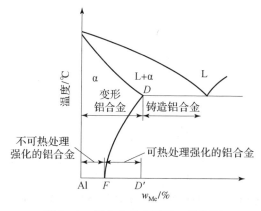

图 9 – 1　铝合金状态图的一般类型

合金元素含量在 $D'$ 点以左的变形铝合金又可以以 $F$ 点为界限分为两类，成分位于 $F$ 点以左的合金，固态时一直是单相的，固溶体的成分不会随温度的变化而变化，因此，不能进行热处理强化，称为不可热处理强化的铝合金。合金元素含量在 $F$ 点和 $D'$ 点之间的变形铝合金，其固溶体的成分随温度变化而变化，因此，可通过热处理使合金强度提高，称为可热处理强化的铝合金。

变形铝合金可以经过轧制、挤压、拉拔等变形加工成为型材，铸造铝合金适合制造形状复杂的零件。可用细化晶粒的方法提高铝合金的强度和韧性。

### （一）变形铝合金

我国变形铝及铝合金的牌号采用国际四位数字体系牌号和四位字符体系牌号表示。国际四位数字体系牌号即用四位阿拉伯数字表示，四位字符体系牌号即用阿拉伯数字和第二位用英文大写字母表示。按照化学成分在国际牌号注册组织注册命名的铝及铝合金，直接采用国际四位数字体系牌号表示；未在国际牌号注册组织注册的，则按四位字符体系牌号表示。这两种牌号的表示方法仅第二位不同。

（1）第一位均是数字，表示铝及铝合金的组别，见表 9－2。1~9 依次表示纯铝，以及以铜、锰、硅、镁、镁和硅、锌、其他元素为主要合金元素的铝合金及备用合金组。

表 9－2　变形铝及铝合金组别及牌号第一位数字的对应关系

| 组别 | 牌号系列 |
| --- | --- |
| 纯铝（铝含量不小于 99.00%） | 1×××  |
| 以铜为主要合金元素的铝合金 | 2×××  |
| 以锰为主要合金元素的铝合金 | 3×××  |
| 以硅为主要合金元素的铝合金 | 4×××  |
| 以镁为主要合金元素的铝合金 | 5×××  |
| 以镁和硅为主要合金元素，并以 $Mg_2Si$ 相为强化相的铝合金 | 6×××  |
| 以锌为主要合金元素的铝合金 | 7×××  |
| 以其他元素为主要合金元素的铝合金 | 8×××  |
| 备用合金组 | 9×××  |

（2）第二位数字或字母表示原始纯铝或铝合金的改型情况。如果第二位是 0 或者 A，则表示原始纯铝和原始合金；如果第二位是数字 1~9 或 B~Y，则表示该合金在原始合金的基础上允许有一定的偏差，表示改型情况。

（3）第三和第四位均是数字，表示同一组中的不同铝合金，纯铝则表示铝的最低质量分数中小数点后面的两位数字。例如，牌号 1050 表示纯度为 99.50% 的工业纯铝，牌号 3A12 表示主要合金元素是锰的 12 号原始变形铝合金。

按其化学成分与主要性能特点将变形铝合金分为防锈铝合金、硬铝合金、超硬铝合金和锻铝合金 4 种。常用变形铝合金的类别、原代号、牌号、化学成分见表 9－3。

表 9 – 3　常用变形铝合金的类别、原代号、牌号、化学成分

| 类别 | | 牌号 | 化学成分 $W_c$/% | | | | | 原代号 |
|---|---|---|---|---|---|---|---|---|
| | | | Cu | Mg | Mn | Zn | 其他 | |
| 不可热处理强化的铝合金 | 防锈铝合金 | 5A05 | 0.1 | 4.8～5.5 | 0.3～0.6 | 0.2 | 0.5 Si<br>0.5 Fe | LF5 |
| | | 3A21 | 0.2 | 0.05 | 1.0～1.6 | 0.1 | 0.6 Si<br>0.15 Ti<br>0.7 Fe | LF21 |
| 可热处理强化的铝合金 | 硬铝合金 | 2A11 | 3.8～4.8 | 0.4～0.8 | 0.4～0.8 | 0.3 | 0.7 Si<br>0.7 Fe<br>0.1 Ni<br>0.15 Ti | LY11 |
| | | 2A12 | 3.8～4.9 | 1.2～1.8 | 0.3～0.9 | 0.3 | 0.5 Si<br>0.5 Fe<br>0.1 Ni<br>0.15 Ti | LY12 |
| | 超硬铝合金 | 7A04 | 1.4～2.0 | 1.8～2.8 | 0.2～0.6 | 5.0～7.0 | 0.5 Si<br>0.5 Fe<br>0.1～0.25 Cr | LC4 |
| | 锻铝合金 | 2A50 | 1.8～2.6 | 0.4～0.8 | 0.4～0.8 | 0.3 | 0.7～1.2 Si | LD5 |
| | | 2A70 | 1.9～2.5 | 1.4～1.8 | 0.2 | 0.3 | 0.35 Si<br>0.02～0.1 Ti<br>0.9～1.5 Ni<br>0.9～1.5 Fe | LD7 |

1. 防锈铝合金

防锈铝合金主要是指 Al – Mg 或 Al – Mn 系合金，合金元素镁和锰通过固溶强化来提高铝合金的强度，且锰还能提高铝合金的耐蚀性，含锰的防锈铝合金的耐蚀性优于纯铝。

防锈铝合金不能进行热处理强化，只能通过冷变形强化，常用的牌号有 5A05、3A21

等。由于防锈铝合金具有优异的耐蚀性、优良的塑性和焊接性能，因此它主要用冲压方法制成中、轻载荷焊接件和耐蚀件，如耐蚀性高的油箱、油管、防锈蒙皮和生活器具等。

### 2. 硬铝合金

硬铝合金是指 Al – Cu – Mg 系合金，并含有少量的元素锰。这类合金可通过热处理来获得高强度，常用牌号有 2A01、2A02、2A11、2A12 等。其性能特点是强度高、硬度高，耐蚀性较差，特别是不耐海水腐蚀，因此，硬铝合金板材表面常包覆薄层的纯铝，以增加耐蚀性。

硬铝合金由于其强度、硬度较高的特点，常用于制造中等强度的结构件，在航空工业上应用较多，如飞机螺旋桨、叶片、蒙皮、支架等。

### 3. 超硬铝合金

超硬铝合金是指 Al – Cu – Mg – Zn 系合金，这是强度最高的一种铝合金。锌能溶于固溶体中起固溶强化作用，还能与铜、镁等元素共同形成多种复杂的强化相，经固溶热处理、人工时效后强度高于硬铝合金。常见的超硬铝合金牌号有 7A03、7A04 等。超硬铝合金的耐蚀性较差，也常用压延法在表面包覆薄层的纯铝，以提高耐蚀性。

由于超硬铝合金比强度已相当于超高强度钢，所以多用于制造飞机上受力较大、要求强度高的结构件，如飞机的大梁、起落架、翼肋等。

### 4. 锻铝合金

锻铝合金主要是指 Al – Cu – Mg – Si 系合金。这类合金在加热状态下具有优良的可锻性，故称为锻铝合金。锻铝合金可以通过热处理进行强化，其力学性能与硬铝合金相近，耐蚀性较高。常见的锻铝合金牌号有 2A50、2A70 等。

锻铝合金由于其优良的热塑性，可用于制造航空及仪表工业中形状比较复杂的锻件及在高温 200~300 ℃ 工作的零件，如离心式压气机的叶轮、飞机操纵系统中的摇臂、内燃机的活塞、气缸等。

### (二) 铸造铝合金

用来制造铸件的铝合金称为铸造铝合金。铸造铝合金具有良好的铸造性能，能用于铸造各种复杂形状的铸件。铸造铝合金主要包括 Al – Si 系铝合金、Al – Cu 系铝合金、Al – Mg 系铝合金和 Al – Zn 系铝合金 4 种，其中 Al – Si 系铝合金使用最广。

铸造铝合金的代号用"ZL + 三位数字"表示。ZL 是"铸铝"两字的拼音首字母，三位数字中第一位数字表示合金类别（1 表示 Al – Si 系铝合金，2 表示 Al – Cu 系铝合金，3 表示 Al – Mg 系铝合金，4 表示 Al – Zn 系铝合金），第二、第三数字表示顺序号，如 ZL102、ZL301 等。优质铸造铝合金代号后面加 A。

Al – Si 系铝合金是最常用的铸造铝合金，俗称铝硅明。图 9 – 2 所示为 Al – Si 二元合金相图。Al – Si 系铝合金共晶线附近合金熔点低、流动性好、收缩率小、热裂倾向小，具有优良的铸造性能，且具有一定的强度和良好的耐蚀性。例如，代号为 ZL102 的铸造铝合金，它的牌号为 ZAlSi12，硅的质量分数为 10%~13%，该铸造铝合金在铸造过程中缓慢冷却后形成共晶组织，如图 9 – 3 (a) 所示。但共晶组织中的硅晶体呈粗大针状，使合金的强度和塑性较差。为提高其力学性能，通常采用变质处理的方法来细化晶粒，即浇铸前在液态合金中加入合金液质量 2%~3% 的变质剂（常用钠盐混合物 2/3NaF + 1/3NaCl 做变质剂）进行变质处理。变质剂能使共晶点右移，使变质后的合金得到亚共晶组织；另外变质剂能够促进硅形核，并阻止晶体长大，使硅晶体能以极细粒状形态均匀分布在固溶体机体上，如图 9 – 3（b）所示。变质处理后的铸造铝合金其力学性能得到显著提高。

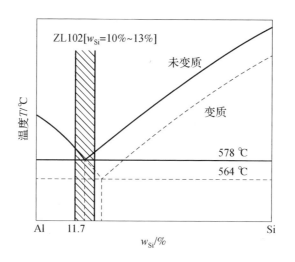

图 9 – 2　Al – Si 二元合金相图

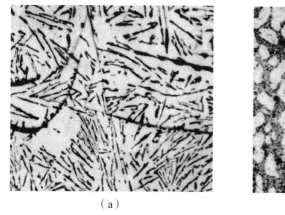 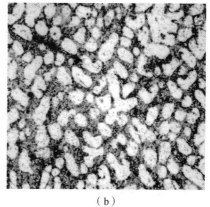

（a）　　　　　　　　　　　　　　　（b）

图 9 – 3　ZL102 的铸态组织

（a）未变质处理 250 ×；（b）变质处理 100 ×

　　另外，还可以在 Al – Si 系铝合金中加入铜、镁等合金元素，以形成强化相，这样的铝合金在变质处理后还可进行固溶热处理和时效，以提高强度。

　　Al – Si 系铝合金一般用来制造质量小、耐蚀、形状复杂，但强度要求不高的铸件，如手提电动工具、发动机气缸、仪表外壳等。加入铜、镁等合金元素的 Al – Si 系铝合金，还可以用来制造内燃机活塞。

　　Al – Si 系铝合金的牌号、代号和化学成分见表 9 – 4。

表 9 - 4　Al - Si 系铝合金的牌号、代号和化学成分

| 合金牌号 | 合金代号 | 化学成分 $W_c$/% | | | | | | |
| --- | --- | --- | --- | --- | --- | --- | --- | --- |
| | | Si | Cu | Mg | Mn | Ti | 其他 | Al |
| ZAlSi7Mn | ZL101 | 6.5 ~ 7.5 | — | 0.25 ~ 0.45 | — | — | — | 余量 |
| ZAlSi12 | ZL102 | 10.0 ~ 13.0 | — | — | — | — | — | 余量 |
| ZAlSi9Mg | ZL104 | 8.0 ~ 10.5 | — | 0.17 ~ 0.35 | 0.2 ~ 0.5 | — | — | 余量 |
| ZAlSi5Cu1Mg | ZL105 | 4.5 ~ 5.5 | 1.0 ~ 1.5 | 0.4 ~ 0.6 | — | — | — | 余量 |
| ZAlSi8Cu1Mg | ZL106 | 7.5 ~ 8.5 | 1.0 ~ 1.5 | 0.3 ~ 0.5 | 0.3 ~ 0.5 | 0.10 ~ 0.25 | — | 余量 |
| ZAlSi7Cu4 | ZL107 | 6.5 ~ 7.5 | 3.5 ~ 4.5 | — | — | — | — | 余量 |
| ZAlSi12Cu2Mg1 | ZL108 | 11.0 ~ 13.0 | 1.0 ~ 2.0 | 0.4 ~ 1.0 | 0.3 ~ 0.9 | — | — | 余量 |
| ZAlSi12Cu1Mg1Ni1 | ZL109 | 11.0 ~ 13.0 | 0.5 ~ 1.5 | 0.80 ~ 1.30 | — | — | Ni 0.8 ~ 1.5 | 余量 |
| ZAlSi5Cu6Mg | ZL110 | 4.0 ~ 6.0 | 5.0 ~ 8.0 | 0.2 ~ 0.5 | — | — | — | 余量 |
| ZAlSi9Cu2Mg | ZL111 | 8.0 ~ 10.0 | 1.3 ~ 1.8 | 0.4 ~ 0.6 | 0.10 ~ 0.35 | 0.10 ~ 0.35 | — | 余量 |

### 三、铝合金的热处理

铝合金的热处理方法主要是固溶处理和时效处理。

将铝合金加热至 α 单相区恒温保持，形成单相固溶体，然后快速冷却，室温下获得过饱和 α 固溶体的工艺称为固溶处理或淬火。铝合金经过固溶处理后，其强度、硬度虽然没有得到明显提高，但此时铝合金的塑性有所提高。

将固溶处理后的铝合金在室温下放置一定时间或低温加热后，铝合金的强度、硬度明显提高，这种合金性能随时间延长而发生强化的现象称为时效硬化。在室温下进行的时效处理称为自然时效，在加热条件下进行的时效处理称为人工时效。固溶处理和时效处理是铝合金强化的常用手段。

图 9 - 4 所示为 $w_{Cu}$ = 4% 的铝铜合金自然时效曲线。在最初的一段时间，铝合金的强度、硬度变化不大，此时铝合金的塑性较好，这个阶段又称孕育期（一般为 2 h），可进行铆接、弯曲、矫正等冷变形加工，随后其强度、硬度明显提高，经 4 ~ 5 天强度达到最大值。

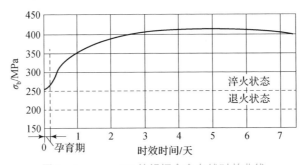

图 9 - 4　$w_{Cu}$ = 4% 的铝铜合金自然时效曲线

图9-5所示为铝铜合金人工时效温度对强度的影响。由图9-5可知，时效温度越高，时效过程就越快，但时效温度过高，合金的最大强度值越低，造成合金软化，这种现象称为过时效处理。生产中一般时效温度不超过150 ℃。

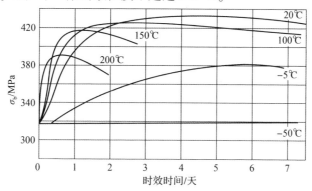

图9-5　铝铜合金人工时效温度对强度的影响

**想一想**

本学习模块开头的"案例导入"中提出，铝合金作为典型的轻质金属广泛应用在汽车上。汽车铝合金制部件主要有活塞、气缸盖、离合器壳、油底壳、保险杠、热交换器、支架、车轮、车身板及装饰部件等，并且铝合金制件比例有增加的趋势。生活中常见的铝制品也很多，如铝盆、高压输电线钢芯铝绞线、铝门窗、铝制易拉罐等。

## 拓 展 阅 读

随着新能源汽车的发展，汽车用铝的需求也在增加。与钢相比，铝的延展性较差，因此，成形同样复杂零件的不良率比钢高，这就要求在研发高性能铝材料的同时，还需要确定合适的制造工艺。目前汽车用铝合金零部件常用的制造工艺有3种，即真空压铸、型材挤压和板材冲压。

真空压铸是通过抽除压铸模具型腔内气体以减少或消除压铸件内的卷气和气孔等缺陷，从而显著提高压铸件力学性能和表面质量的先进压铸工艺。

型材挤压是将金属毛坯放入装在塑性成形设备上的模具型腔内，在一定的压力和速度作用下，迫使金属毛坯产生塑性流动，从型腔中特定的模孔挤出，从而获得所需断面形状及尺寸，并具有一定力学性能挤压件的工艺技术。

板材冲压是一种金属加工方法，它建立在金属塑性形变的基础上，利用模具和冲压设备对板料施加压力，使板料产生塑性形变或分离，从而获得具有一定形状、尺寸和性能的零件。

## 【创新思考】

（1）请说出你在生产生活中熟悉的铝制品。

（2）为何这种场合要使用铝制品？

（3）若用其他材料替代，你认为哪种更合适？

## 学习模块二　铜及铜合金

### 【案例导入】

世界上最高的佛教造像——中原大佛，位于河南省平顶山市鲁山县，它由国家非物质文化遗产技艺传承人林胜标大师设计制作。大佛身高 108 m，莲花座高 20 m，金刚座高 25 m，须弥座高 55 m，总高 208 m。中原大佛的主体由铜合金铸造，表面镀金。那么为什么中原大佛及其他很多雕塑都选择以铜为主要铸造原料呢？一起来学习本模块内容，了解一下铜及铜合金的特点和用途吧。

### 【知识内容】

#### 一、纯铜

工业纯铜呈玫瑰红色，由于它的表面上经常形成一层氧化膜呈紫红色，所以俗称紫铜。其主要特点如下。

（1）纯铜密度为 $8.96 g/cm^3$，熔点为 1 083 ℃，具有面心立方晶格，无同素异构转变。

（2）纯铜导电性和导热性优良，仅次于银，并具有抗磁性。

（3）纯铜耐蚀性良好，在大气、水、水蒸气中基本不受腐蚀，但在海水、氧化性的硝酸等溶液中的耐蚀性较差。

（4）纯铜强度和硬度较低，塑性好，适宜进行冷、热塑性加工。

基于纯铜的特点，它主要用于制造导电材料，如电线、电缆、电子元件，还可以用于以铜为基体加入合金元素组成合金。基于抗磁性的特点，纯铜及铜合金还可以制造磁学仪器、罗盘、炮兵瞄准环等。

纯铜的牌号有 T1、T1.5、T2$^d$、T3 等，见表 9 – 5。牌号中的 T 为"铜"字的拼音首字母，数字表示序号，序号越大，纯度越低。

表 9 – 5　纯铜的代号、牌号和化学成分

| 代号 | 牌号 | 化学成分 $W_c/\%$ | | | | | | |
| --- | --- | --- | --- | --- | --- | --- | --- | --- |
| | | Cu + Ag（最小值） | P | Bi | Sb | As | Fe | 其他 |
| T10900 | T1 | 99.95 | 0.001 | 0.001 | 0.002 | 0.002 | 0.005 | 0.039 |
| T10950 | T1.5 | 99.95 | 0.001 | — | — | — | 0.001 | 0.048 |
| T11050 | T2$^d$ | 99.9 | — | 0.001 | 0.002 | 0.002 | 0.005 | 0.09 |
| T11090 | T3 | 99.7 | — | 0.002 | — | — | — | 0.298 |

虽然纯铜有很多优点，但由于其强度较低，不能完全满足实际生产的需要，所以可在铜中加入合金元素形成铜合金，使其强度有较大幅度的提高，并且还具有优良的物理性

能、化学性能，因此，铜合金的应用更加广泛。

## 二、铜合金的分类

根据加工方法可以将铜合金分为加工铜合金和铸造铜合金。铸造铜合金的牌号是在纯铜牌号前加上字母 Z。

根据化学成分可以将铜合金分为黄铜、青铜和白铜三类。黄铜是以铜为基体，以锌为主加元素的铜合金；青铜是指除黄铜、白铜以外的铜合金，主要有锡青铜、铝青铜、铍青铜等；白铜是以铜为基体，以镍为主加元素的铜合金。

### （一）黄铜

黄铜分为普通黄铜和特殊黄铜。

#### 1. 普通黄铜

普通黄铜是以铜为基体，以锌为主加元素的铜锌二元合金。普通加工黄铜的牌号用"H + 数字"表示。H 为"黄"字的拼音首字母，数字表示铜的质量分数。例如，H70 表示平均铜的质量分数为 70%，其余为锌的普通黄铜。

普通黄铜具有优良的耐蚀性，其力学性能和锌的含量密切相关。如图 9-6 所示，当黄铜中锌的质量分数小于 32% 时，黄铜的强度和塑性随着锌含量的增加而增加；当黄铜中锌的质量分数等于 32% 时，塑性最好，强度较高；当黄铜中锌的质量分大于 32% 且小于 45% 时，强度在提高，但塑性随着锌含量的增加而降低；当黄铜中锌的质量分数大于 45% 时，塑性和强度都急剧降低。因此，工业用普通黄铜中锌的质量分数都在 45% 以内。

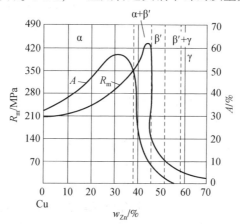

图 9-6　黄铜的组织和力学性能与锌含量的关系

普通黄铜中锌对力学性能的影响是由黄铜的组织决定的。最开始随着锌的质量分数增加，锌在铜中的溶解度增加，组织为锌在铜中的固溶体，是 α 单相组织，固溶强化的结果使普通黄铜的强度、塑性都得到提高。但随着锌的质量分数继续增加，出现了硬而脆的 β′ 相，此时由于 β′ 相的强化作用，普通黄铜的强度继续增加，但塑性已开始下降，当黄铜中锌的质量分数大于 45% 后，组织中全部为 β′ 相，普通黄铜的强度和塑性均下降。

普通黄铜主要用于压力加工，常用的单相黄铜牌号有 H70、H68、H80、H90 等，双相黄铜牌号有 H62、H59 等。

常用普通黄铜的代号、牌号和化学成分见表 9-6。

表9-6 常用普通黄铜的代号、牌号和化学成分

| 代号 | 牌号 | 化学成分（质量分数）/% | | | | |
|------|------|------|------|------|------|------|
| | | Cu | Fe | Pb | Zn | Cu + 所列元素总和 |
| T20800 | H96 | 95.0 ~ 97.0 | 0.1 | 0.03 | 余量 | 99.8 |
| C21000 | H95 | 94.0 ~ 96.0 | 0.05 | 0.05 | 余量 | 99.8 |
| C22000 | H90 | 89.0 ~ 91.0 | 0.05 | 0.05 | 余量 | 99.8 |
| C23000 | H85 | 84.0 ~ 86.0 | 0.05 | 0.05 | 余量 | 99.8 |
| C24000 | H80 | 78.5 ~ 81.5 | 0.05 | 0.05 | 余量 | 99.8 |
| T27600 | H62 | 60.5 ~ 63.5 | 0.15 | 0.08 | 余量 | 99.7 |
| T28200 | H59 | 57.0 ~ 60.0 | 0.3 | 0.5 | 余量 | 99.8 |

### 2. 特殊黄铜

在普通黄铜的基础上再加入其他合金元素所构成的多元合金称为特殊黄铜。常加入的其他合金元素有硅、铝、锰、锡、铅等。各合金元素的作用如下。

硅、铝、锡可提高特殊黄铜的耐蚀性；铅可提高特殊黄铜的耐磨性，改善切削加工性能；锰、镍可提高特殊黄铜的强度、硬度和耐蚀性。

特殊黄铜牌号用 "H + 合金元素的化学符号 + 铜的平均质量分数 + 合金元素平均质量分数" 表示。例如，牌号 HPb59-1 表示铜的平均质量分数为59%、铅的平均质量分数为1%，其余为锌的铅黄铜。

### （二）青铜

青铜种类较多，最常见的青铜是锡青铜，除此之外还有铝青铜、铅青铜、铍青铜等。青铜按加工工艺特点可分为加工青铜和铸造青铜两类。

加工青铜的牌号表示方法是 "Q + 第一个主加元素的元素符号及平均质量分数 + 其他合金元素的平均质量分数"。例如，牌号 QSn6.5-0.4 表示锡的平均质量分数为6.5%，其他合金元素的平均质量分数为0.4%，其余为铜的锡青铜。

铸造青铜的牌号表示方法是 "Z + 铜和合金元素符号及合金元素平均质量分数"。例如，牌号 ZCuSn10P1 表示锡的平均质量分数为10%，磷的平均质量分数为1%，其余为铜的铸造锡青铜。

### 1. 锡青铜

以锡为主要添加元素的铜合金称为锡青铜。锡含量对青铜的组织和力学性能会产生较大的影响，如图9-7所示。

加工锡青铜适合于制造轴承，耐蚀、抗磁零件等，在造船、化工、机械、仪表等工业中应用广泛。

铸造锡青铜的流动性差，容易形成偏析和分散缩孔，导致其致密度不够高，但它是非铁金属中收缩率最小的合金。对于壁厚大、形状复杂、但致密度要求不高的铸件，铸造锡

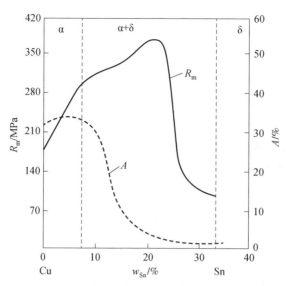

图 9 – 7　锡青铜的组织和力学性能与锡含量的关系

青铜是一个很好的选择。另外，铸造锡青铜耐磨性很好，耐大气、海水、淡水的腐蚀性都较黄铜好，但对酸类的耐蚀性较差。

常用锡青铜的代号、牌号和化学成分见表 9 – 7。

表 9 – 7　常用锡青铜的代号、牌号和化学成分

| 代号 | 牌号 | 化学成分 $W_c$/% | | | | | | | |
|---|---|---|---|---|---|---|---|---|---|
| | | Cu | Sn | P | Fe | Pb | Al | Zn | Cu + 所列元素总和 |
| T50800 | QSn4 – 3 | 余量 | 3.5 ~ 4.5 | 0.03 | 0.05 | 0.02 | 0.002 | 2.7 ~ 3.3 | 99.8[b] |
| T53300 | QSn4 – 4 – 2.5 | 余量 | 3.0 ~ 5.0 | 0.03 | 0.03 | 1.5 ~ 3.5 | 0.002 | 3.0 ~ 5.0 | 99.8[b] |
| T53500 | QSn4 – 4 – 4 | 余量 | 3.0 ~ 5.0 | 0.03 | 0.03 | 3.0 ~ 4.0 | 0.002 | 3.0 ~ 5.0 | 99.8[b] |
| T51510 | QSn6.5 – 0.1 | 余量 | 6.0 ~ 7.0 | 0.10 ~ 0.25 | 0.05 | 0.02 | 0.002 | 0.3 | 99.6[b] |
| T51520 | QSn6.5 – 0.4 | 余量 | 6.0 ~ 7.0 | 0.26 ~ 0.40 | 0.02 | 0.02 | 0.002 | 0.3 | 99.6[b] |
| C52400 | QSn10 – 0.2 | 余量 | 9.0 ~ 11.0 | 0.03 ~ 0.35 | 0.1 | 0.05 | — | 0.2 | 99.5 |

### 2. 铝青铜

以铝为主要添加元素的铜合金称为铝青铜。铝青铜与锡青铜相比，有更好的耐蚀性，更高的强度和硬度，但收缩率比锡青铜的收缩率大。

实际应用的铝青铜中铝的平均质量分数为 5% ~ 11%。当铝的平均质量分数小于 5% 时，铝青铜强度很低；当铝的平均质量分数为 5% ~ 7% 时，铝青铜有良好的塑性，适宜于冷变形加工；当铝的平均质量分数大于 7% 时，铝青铜的塑性急剧下降，但强度仍在提高；当铝的平均质量分数为 10% 左右时，铝青铜强度最高，适宜铸造。

铝青铜常用来制造在海水中和较高温度下工作的高强度耐磨零件、弹性零件等，如弹簧、轴承、衬套、齿轮、涡轮、船舶零件等。

### 3. 铍青铜

以铍为主要添加元素的铜合金称为铍青铜。铍是一种又脆又硬的金属，在铜里加入少量的铍，性能就会发生很大的变化。

实际应用的铍青铜中铍的平均质量分数为 1.7% ~ 2.5%。铍青铜经过固溶处理和时效处理后有很高的强度、硬度。不仅如此，铍青铜还具有良好的耐蚀性、抗疲劳性、导电性、导热性、耐寒性、无磁性，受冲击时不产生火花等优点。总之，铍青铜是一种综合性能较好的结构材料，可用于制造弹簧、轴承、钟表齿轮、航海罗盘、防爆工具、电焊机电极等。

但因为铍是稀有金属，价格比较昂贵，所以限制了其应用范围。

### (三) 白铜

以镍为主要添加元素的铜合金称为白铜。白铜牌号用"B + 镍的平均质量分数"来表示。如添加其他元素，则牌号表示为"B + 第三种元素化学符号 + 镍的平均质量分数 + 第三种元素的平均质量分数"。例如，牌号 B30 表示镍的平均质量分数为 30% 的白铜；牌号 BMn3 – 12 表示镍和锰的平均质量分数分别为 3% 和 12% 的锰白铜。

**想一想**

大家想一想本学习模块开头"案例导入"中提出的问题：为什么中原大佛及其他很多雕塑都选择铜为主要铸造原料呢？铸铜雕塑以铜为主要原料，其方法将金属熔炼成符合一定要求的液体并浇进铸型里，经冷却凝固、清整处理后得到有预定形状、尺寸和性能的雕塑艺术品。铸铜的历史非常悠久，且技术成熟，其工艺比锻铜复杂，艺术创作的复原性好，因此，适合成为精细作品的材料。另外铸铜雕塑还有其他优点，如材质寿命长、弹性好、韧性强等。

## 拓 展 阅 读

朱炳仁，浙江杭州人，"朱府铜艺"第四代传人，创造了一大批铜建筑瑰宝。他的杰作灵隐铜殿是吉尼斯认定的世界最高铜殿，坐落于浙江省杭州市灵隐寺内。灵隐铜殿除以高著称外，其制造工艺也是出类拔萃的。之前的铜殿常采用浇铸工艺，而灵隐铜殿是传统工艺与新工艺的结合，采用铸、锻、轧、刻、镶、镂、冲、鎏金、点蓝、氧化、做旧、封闭等 12 种工艺，开创了大型铜工程建筑中多种工艺综合运用的先河。

耸立在西子湖畔的雷峰塔更是以精湛的工艺成为中国第一座彩色铜雕塔。作为新雷峰塔铜工程的总工艺师，朱炳仁在接下工程的那一天就挥笔写下了"上苍无意留古砖，盛世有心铸新瓦"的对联。他说，雷峰塔的历史重负和文化含量是任何名塔所无法比拟的，它不应该是一个假古董，而应该是一件艺术精品、是一座传世之塔。在重建雷峰塔时，他想给雷峰塔构筑一袭彩衣，但由于铜的化学性质的不稳定性和氧化色单一等问题，因此在那时彩色铜雕只是一个想法，从古至今都没有这种先例。朱炳仁查阅了大量资料，并经过多次的配方试验后，终于找到了把铜的预氧化工艺与涂层工艺相结合的新方法，获得了比木漆色彩更鲜艳也更持久的多种铜色彩。同时，穿上此种彩色铜衣的雷峰塔不易着火，还能有效防雷、防蛀。

朱炳仁被誉为"中国当代铜建筑之父"，回顾从铜匠到大师的历程，朱炳仁笑着说，自己不过是中国青铜文化长河中的沧海一粟罢了。他说："我就是铜。"

## 【创新思考】

（1）请说出你在生产生活中熟悉的铜制品。

（2）为何这种场合要使用铜制品？

（3）若用其他材料替代，你认为哪种更合适？

# 学习模块三　滑动轴承合金

## 【案例导入】

1974 年，在河南渑池汉藏出土了一批魏窖的铁质轴承，总共有 17 种规格、445 件，体现了中国古代汉魏石器轴承已初步具备系列化和规格化的特点。美国人巴比特是最早提出轴承合金概念的人。1839 年，巴比特发明了锡基轴承合金和铅基轴承合金，用于制造滑动轴承，并把锡基轴承合金与铅基轴承合金称为巴氏合金，巴氏合金已在工业中得到了广泛应用。你知道常用的滑动轴承合金的种类和用途吗？带着疑问一起学习本模块的知识内容吧。

## 【知识内容】

### 一、滑动轴承合金的性能要求和组织特征

滑动轴承具有承压面积大、工作平稳、无噪声及维修方便等优点，因此，目前滑动轴承在工业中还拥有相当重要的地位。在滑动轴承中，制造轴瓦、轴承内衬的材料，称为滑动轴承合金。

#### 1. 滑动轴承合金的性能要求

轴是机器上重要的零部件，当轴在转动的时候，必然与周围的零件产生摩擦，但由于轴通常在内部，更换困难、维修成本高，因此应尽量避免更换轴。滑动轴承中的轴瓦与内衬直接与轴径配合使用，不仅要承受摩擦，还要承受交变载荷和冲击载荷的作用。为了使轴承对轴的磨损较小，并能适应工作条件，轴承的制造材料必须具有如下特性。

（1）在工作温度下具有足够的强度和硬度，以便能够承受轴径施加的较大的单位压力。

（2）具有足够的塑性和韧性，以便能够承受冲击和振动。

（3）具有良好的减摩性，与轴之间的摩擦因数应尽量小，并具有良好的储备润滑液的能力。

（4）具有良好的磨合性，使载荷能够均匀地作用在工作面上。

（5）具有良好的耐蚀性及导热性，以便将摩擦产生的热量散发。

（6）具有良好的工艺性能，保证容易制造，并且价格便宜。

### 2. 滑动轴承合金的组织特征

根据轴承制造材料应该具备的特性，滑动轴承合金的组织必须具备以下特点，即软基体上分布着硬质点，或者硬基体上分布着软质点。轴承在工作时，软的部分在被磨损后下凹，凹陷的地方可储存润滑液，形成连续分布的油膜；硬的部分则凸起来支承轴径，软的部分和硬的部分互相配合，就能减少对轴的磨损。图9-8所示为滑动轴承合金的理想组织示意图。

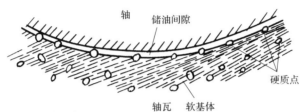

图9-8　滑动轴承合金的理想组织示意图

## 二、常用滑动轴承合金

### 1. 锡基轴承合金

锡基轴承合金是以锡为基体，加入锑、铜等合金元素组成的合金。

锡基轴承合金具有优良的塑性、韧性、导热性、耐蚀性，同时具有热膨胀系数小、减摩性较好的特点，因此，在发动机、压气机、拖拉机、汽轮机等机械的高速轴上应用较广。但是，由于锡的熔点较低，所以锡基轴承合金的工作温度较低，并且疲劳强度比较低，价格较贵。

锡基轴承合金的牌号表示方法与其他铸造非铁合金的牌号表示方法一样。例如，牌号ZSnSb4Cu4表示锑的平均质量分数为4%及铜的平均质量分数为4%，其余为锡的锡基轴承合金。常用锡基轴承合金的牌号及化学成分见表9-8。

表9-8　常用锡基轴承合金的牌号及化学成分

| 牌号 | 化学成分 $W_c$/% | | | | | | | |
|---|---|---|---|---|---|---|---|---|
| | 主要元素 | | | | | | | 杂质元素 |
| | Sb | Pb | Cu | Ni | As | Cd | Sn | |
| ZSnSb12Pb10Cu4 | 11.0～13.0 | 9.0～11.0 | 2.5～5.0 | — | — | — | 余量 | 0.8 |
| ZSnSb11Cu6 | 10.0～12.0 | — | 5.5～6.5 | — | — | — | 余量 | 1.15 |
| ZSnSb8Cu4 | 7.0～8.0 | — | 3.0～4.0 | — | — | — | 余量 | 1.14 |
| ZSnSb4Cu4 | 4.0～5.0 | — | 4.0～5.0 | — | — | — | 余量 | 1.05 |

### 2. 铅基轴承合金

铅基轴承合金是以铅为基体，加入锑、锡、铜等合金元素组成的合金。

铅基轴承合金的强度、硬度、导热性、耐蚀性均低于锡基轴承合金，热膨胀系数也较大，但其价格比较便宜，在工业中应用较广，适用于制造工作温度低于 60 ℃ 的中、低载荷的轴瓦等。常用铅基轴承合金的牌号及化学成分见表 9 – 9。

表 9 – 9　常用铅基轴承合金的牌号及化学成分

| 牌号 | 化学成分 $W_c$/% | | | | | | 杂质元素 |
|------|------|------|------|------|------|------|------|
| | 主要元素 | | | | | | |
| | Sn | Sb | Cu | As | Cd | Pb | |
| ZPbSb16Sn16Cu2 | 15.0 ~ 17.0 | 15.0 ~ 17.0 | 1.5 ~ 2.0 | — | — | 余量 | 1.25 |
| ZPbSb15Sn10 | 9.0 ~ 11.0 | 14.0 ~ 16.0 | — | | — | 余量 | 2.01 |
| ZPbSb15Sn5 | 4.0 ~ 5.5 | 14.0 ~ 15.5 | 0.5 ~ 1.0 | | — | 余量 | 1.31 |
| ZPbSb10Sn6 | 5.0 ~ 7.0 | 9.0 ~ 11.0 | — | | | 余量 | 1.91 |

### 3. 铜基轴承合金

铜基轴承合金是以铜为基体，主加元素为铝等合金元素的合金。

铜基轴承合金具有优良的耐磨性、耐疲劳性、抗冲击性、导热性，并且摩擦因数低，能在较高温度（250 ℃）的条件下正常工作，可以用于制造在高速高压下工作的轴承，如高速柴油机轴承、航空发动机轴承等。

### 4. 铝基轴承合金

铝基轴承合金是以铝为基体，主加元素是锡或碲等合金元素的合金。

铝基轴承合金的原材料比较丰富，价格便宜；性能上具有良好的导热性、耐蚀性、抗疲劳性、高温强度、硬度高的特点。但其缺点是热膨胀系数较大、抗咬合性差。目前以高锡铝基轴承合金应用最为广泛，主要用于制造高速、重载的发动机轴承。

想一想

　　学习本模块后，回答"案例导入"的问题就很轻松了。常用的滑动轴承合金包括锡基轴承合金、铅基轴承合金、铜基轴承合金和铝基轴承合金。不同滑动轴承合金具有不同的用途，要根据实际情况进行合理选择。

## 拓 展 阅 读

　　以锡基巴氏合金为减摩层的滑动轴承适用于低速、重载工况，具有精度高、减振性好、工作平稳可靠、噪声小和寿命长等优势。传统铸造工艺是在碳钢的钢背上采用离心浇铸或重力浇铸制造钢背 – 巴氏合金双金属轴瓦，铸造工艺虽然在技术上成熟，但也存在一些不足。增材制造是制造厚壁滑动轴承的一种新工艺，适用于多种结构形式，在提高层间结合性能的同时简化了工艺流程。据统计，增材层厚度只有铸造层厚度的 25%~30%，节约了 70%~75% 的巴氏合金材料。另外，电弧增材制造设备可以兼容多种材料，为滑动轴承设计时的选材提供了更多可能。

**【创新思考】**

(1) 请说出你在生产生活中熟悉的轴承类零件。

(2) 滑动轴承和滚动轴承的区别是什么？

(3) 常用的滑动轴承合金是如何分类的？

## 学习模块四　钛及钛合金

**【案例导入】**

1791 年，英格兰业余矿物学家格里戈尔在英格兰康沃尔郡首次发现了含钛的矿物。1795 年，德国化学家克拉普洛特从匈牙利产的一种红色矿石中也发现了含钛矿物，他引用希腊神话中泰坦神族的名字将这种元素命名为 Titanium，元素符号是 Ti。随着人们对钛的深入认识，钛及钛合金由于其优良的性能在很多方面都得到广泛应用，还有"空间金属"的美誉。自 20 世纪 80 年代，我国涡轮喷气发动机等航空发动机开始大量使用钛合金制造压气机盘、叶片、机匣等部件。钛及钛合金有什么优良性能？为什么被为"战略性关键金属"？现在就一起看一看钛及钛合金的神奇魅力吧。

**【知识内容】**

### 一、纯钛

钛的主要特点如下。

(1) 中国的钛资源总量为 9.65 亿 t，储量丰富，居世界之首。

(2) 钛是银白色高熔点轻金属，密度为 4.51 $g/cm^3$，比铁的密度小很多；熔点为 $(1\,668 \pm 10)$ ℃，比铁的熔点高，能够作为耐热材料，特别适用于在 300~600 ℃ 温度范围内工作。

(3) 钛具有两种同素异构形式：温度低于 882.5 ℃ 时为密排六方晶格，用 $\alpha$ – Ti 表示；温度高于 882.5 ℃ 且低于熔点时为体心立方晶格，用 $\beta$ – Ti 表示。

(4) 钛的强度很高，退火状态下抗拉强度接近碳素结构钢，为 300~500 MPa；热处理后抗拉强度与高强度结构钢类似，可达 1 000~1 400 MPa。另外，它的塑性也很好，适用于压力加工。

(5) 钛在盐酸、硫酸、氢氧化钠溶液及海水中都具有优良的耐蚀性。

(6) 钛的热膨胀系数小、导热性差、摩擦因数大，因此，切削、磨削加工困难。

常用工业纯钛的牌号有 TA0、TA1、TA2、TA3。常用工业纯钛的牌号及化学成分见表 9 – 10。

表 9 – 10　常用工业纯钛的牌号及化学成分

| 牌号 | 化学成分 $W_c$/% | | | | | | | |
| | 主要成分 | 杂质，不大于 | | | | | | |
| | Ti | Fe | C | N | H | O | 其他元素 | |
| | | | | | | | 单一 | 总和 |
| TA0 | 余量 | 0.15 | 0.10 | 0.03 | 0.015 | 0.15 | 0.10 | 0.40 |
| TA1 | 余量 | 0.25 | 0.10 | 0.03 | 0.015 | 0.20 | 0.10 | 0.40 |
| TA2 | 余量 | 0.30 | 0.10 | 0.05 | 0.015 | 0.25 | 0.10 | 0.40 |
| TA3 | 余量 | 0.40 | 0.10 | 0.05 | 0.015 | 0.30 | 0.10 | 0.40 |

## 二、钛合金

钛合金是以钛为基体，加入铝、锡、铬、钼、锰等合金元素组成的合金。由于钛合金比强度较高，并且高温性能优异，因此，钛合金在航空航天工业上得到广泛应用，如飞机蒙皮、防火壁、发动机罩、排气管、叶轮、涡轮盘、压气机动叶片等。

按照使用状态下的组织形态将钛合金分为 α 型、β 型、α + β 型 3 种。中国钛合金的牌号用 TA、TB、TC 分别来代表 α 型、β 型、α + β 型 3 种钛合金，T 是"钛"字的拼音首字母，比较常用的钛合金牌号有 TA5、TA6、TA7。例如，TA7 牌号表示 7 号 α 型钛合金，牌号 TC4 表示 4 号 α + β 型钛合金。

### 1. α 型钛合金

α 型钛合金的主要成分为在钛中加入铝和锡等合金元素，退火状态下的组织是单相 α 固溶体。这类合金组织稳定，不能进行热处理强化，但成形性能较差。α 型钛合金的室温强度比 β 型、α + β 型两类钛合金的室温强度低，但在高温 500 ~ 600 ℃ 使用时却优于其他两类钛合金，同时能保持高的强度。代表合金包括 TA5 钛合金、TA6 钛合金、TA7 钛合金。

### 2. β 型钛合金

β 型钛合金的主要成分为在钛中加入铬、锰、钼、钒、铁等合金元素。

β 型钛合金的结构为体心立方晶格，这类钛合金的优点是具有较高的抗拉强度和冲击吸收能量，压力加工性能和焊接性能良好，但这类钛合金组织和性能不太稳定、密度较大、耐热性及抗氧化性能差，并且熔炼工艺复杂，因此，在工业中应用较少。

### 3. α + β 型钛合金

α + β 型钛合金组织是由 α 固溶体和 β 固溶体两种固溶体构成的，它兼具了 α 型钛合金和 β 型钛合金两者的优点。该合金具有优良的强度、塑性、耐高温性，能够进行热处理淬火 + 时效进行强化，力学性能范围宽，生产工艺简单，因此，α + β 型钛合金在工业中应用比较广泛。其中以 Ti – 6Al – 4V 钛铝钒合金（TC4 钛合金）应用最多、最广。

常用钛合金牌号、力学性能及用途举例见表 9 – 11。

表 9-11  常用钛合金牌号、力学性能及用途举例

| 牌号 | 力学性能 | | | | 用途举例 |
|------|----------|--|--|--|----------|
| | $R_m$/MPa | $R_{p0.2}$/MPa | $A$/% | $Z$/% | |
| TA5 | 685 | 585 | 15 | 40 | 用途与工业纯钛相仿 |
| TA7 | 785 | 680 | 10 | 25 | 适用于制造飞机蒙皮、骨架、零件、压气机壳体、叶片,以及在 400 ℃ 以下工作的焊接零件等 |
| TB2 | ≤981（淬火）1 370（时效） | 820（淬火）1 100（时效） | 18（淬火）7（时效） | 40（淬火）10（时效） | 适用于制造在 300 ℃ 以下工作的航空紧固件,以及在 500 ℃ 以下短时工作的航天紧固件 |
| TC1 | 585 | 460 | 15 | 30 | 适用于制造在 400 ℃ 以下工作的板材冲压件和焊接零件 |
| TC4 | 895 | 825 | 10 | 25 | 适用于制造在 400 ℃ 以下长期工作的零件,比如结构用的锻件、各种容器、泵、低温部件、舰艇耐压壳体、坦克履带 |
| TC10 | 1 030 | 900 | 12 | 25 | 适用于制造在 450 ℃ 以下工作的零件,如飞机结构零件、起落架,导弹发动机外壳、武器结构件等 |

**想一想**

学习本模块后,回答"案例导入"的问题就很轻松了。钛及钛合金具有高熔点、低密度、高强度、耐蚀性强、热膨胀系数小、导热性差、摩擦因数大等特点,其优良的性能决定了其"战略性关键金属"的地位,在航空航天工业上得到了广泛应用。

## 拓 展 阅 读

全球具有开发利用价值的钛矿资源主要为钛铁矿和金红石。截至 2020 年,全球钛资源储量为 7.42 亿 t,其中钛铁矿资源储量为 6.96 亿 t,约占 93.80%;金红石 $TiO_2$ 资源储量为 0.46 亿 t,约占 6.20%。2020 年全球主要钛资源储量中国居世界第一位,其次为澳大利亚、印度、巴西、南非、挪威、加拿大、莫桑比克、马达加斯加、乌克兰、美国、越南、肯尼亚和塞拉利昂。上述 14 个国家钛资源储量约占世界总储量的 97%,其中,中国、澳大利亚、印度 3 个国家钛资源储量约占世界总储量的 67%。钛铁矿资源主要集中在中国、澳大利亚、印度、巴西和南非等国;金红石则主要分布在澳大利亚、印度、南非和乌克兰等国。

## 【创新思考】

（1）请说出你在生产生活中熟悉的钛及钛合金制品。

（2）钛及钛合金的优异性能有哪些？

（3）简述钛合金的发展前景和发展方向。

## 综合训练

### 一、名词解释

1. 固溶处理。

2. 时效硬化。

### 二、填空题

1. 黄铜的主要合金元素是_____。

2. 铝合金 1××× 牌号中，之后两位数表示_____。

3. 防锈铝合金中主要合金元素是_____和_____。

4. 铸造铝合金简称铸铝，符号表示为_____。

5. 时效处理可分为_____和_____。

6. 铝的晶格类型是_____。

7. 白铜是以_____为主要合金元素的铜合金。

8. 牌号为 H70 的黄铜，含铜量为_____。

9. 制造轴瓦及轴承内衬的合金称为_____。

10. 超硬铝合金只有经过_____处理才能获得高强度及硬度。

### 三、选择题

1. 黄铜是指_____。

A. Cu – Mg 合金　　　　B. Cu – Al 合金　　　　C. Cu – Si 合金　　　　D. Cu – Zn 合金

2. 紫铜是指_____。

A. Cu – Mg 合金　　　　B. Cu – Al 合金　　　　C. Cu – Zn 合金　　　　D. 纯铜

3. _____不是铜的优点。

A. 电导率高　　　　　　B. 延展性好　　　　　　C. 不易生锈　　　　　　D. 无磁性

4. 青铜与纯铜相比，具有许多突出优点，但不包括_____。

A. 熔点较低　　　　　　　　　　　　　　B. 铸造时流动性好

C. 耐蚀性能好　　　　　　　　　　　　　D. 硬度较低、易加工

5. 2A04 铝合金的主要添加元素为_____。

A. 硅　　　　　　　B. 锰　　　　　　　C. 铜　　　　　　　D. 镁

6. Al – Si 系合金浇铸前在液态合金中加入微量钠盐的操作称为_____。

A. 变质处理　　　　　　　　　　　　　　B. 调质

C. 合金化　　　　　　　　　　　　　　　D. 加工硬化

7. 纯铝的_____。

A. 强度低、硬度低，塑性好　　　　　　　B. 强度低、硬度低，塑性差

C. 强度高、硬度高，塑性好　　　　　　　D. 强度高、硬度高，塑性差

8. 纯铜的_____。

A. 导电性差，有磁性　　　　　　　B. 导电性好，有磁性

C. 导电性好，无磁性　　　　　　　D. 导电性差，无磁性

9. 对于 α + β 型钛合金，可采用＿＿＿＿＿＿＿热处理方法进行强化。

A. 再结晶退火　　　　　　　　　　B. 淬火时效

C. 淬火回火　　　　　　　　　　　D. 上述方法都不能强化

### 四、判断题

1. 铝没有同素异构转变，因此，其热处理包括固溶和时效等工艺。　　　（　　）

2. 对铝合金制定时效工艺，以达到获得稳定析出相为最佳方式。　　　（　　）

3. 铝合金固溶处理完成后，降温过程要尽量缓慢。　　　　　　　　　（　　）

4. 铝属于黑色金属。　　　　　　　　　　　　　　　　　　　　　　（　　）

5. 黑色金属是指颜色是黑色的金属。　　　　　　　　　　　　　　　（　　）

6. 铜合金可以分为红铜、青铜、白铜。　　　　　　　　　　　　　　（　　）

7. 除黄铜和白铜以外的铜合金称为青铜。　　　　　　　　　　　　　（　　）

8. 白铜的主要合金元素是铝元素。　　　　　　　　　　　　　　　　（　　）

9. 金属铝的导电性能最好。　　　　　　　　　　　　　　　　　　　（　　）

10. 纯铝普遍可以制造各种结构件。　　　　　　　　　　　　　　　（　　）

### 五、简答题

1. 以 Al – Cu 合金为例，简要说明铝合金时效的基本过程。

2. 铝合金中的主要元素和杂质有哪些?

3. 为什么大多数 Al – Si 系合金都要进行变质处理? 变质处理的原理是什么?

4. 铜中的主要杂质元素有哪些? 合金性能有什么影响?

5. 简述铜及铜合金的分类。

6. 简述锌含量对黄铜性能的影响。

7. 简述铝青铜的性能特点。

8. 简述钛合金的分类及其特点。

9. 简述铝合金和钛合金固溶 + 时效的异同点。

# 任务评价

任务评价见表 9 – 12 所示。

表 9 – 12　任务评价表

| 评价目标 | 评价内容 | 完成情况 | 得分 |
|---|---|---|---|
| 素养目标 | 激发学生的爱国主义情怀，增强文化自信 | | |
| | 提高学生善于思考、勇于创新的能力 | | |
| 技能目标 | 能够在工程实践中根据需要正确选用铝合金、铜合金、滑动轴承合金、钛合金等 | | |
| 知识目标 | 熟悉铝及铝合金、铜及铜合金、滑动轴承合金、钛及钛合金的性能特点及用途 | | |

# 附录1 压痕直径与布氏硬度及相应洛氏硬度对照表

压痕直径与布氏硬度及相应洛氏硬度对照表见附表1-1。

附表1-1 压痕直径与布氏硬度及相应洛氏硬度对照表

| $d_{10}$ | HB | | | HR | | | $d_{10}$ | HB | | | HR | | |
|---|---|---|---|---|---|---|---|---|---|---|---|---|---|
| $2d_5$ | | | | | | | $2d_5$ | | | | | | |
| $4d_{2.5}$ | $30D^2$ | $10D^2$ | $2.5D^2$ | HRB | HRC | HRA | $4d_{2.5}$ | $30D^2$ | $10D^2$ | $2.5D^2$ | HRB | HRC | HRA |
| 2.30 | 712 | | | | 67 | 85 | 3.80 | 255 | 84.9 | 21.2 | | 26 | 64 |
| 2.35 | 682 | | | | 65 | 84 | 3.85 | 248 | 82.6 | 20.7 | | 25 | 63 |
| 2.40 | 635 | | | | 63 | 83 | 3.90 | 241 | 80.4 | 20.1 | 100 | 24 | 63 |
| 2.45 | 627 | | | | 61 | 82 | 3.95 | 235 | 78.3 | 19.6 | 99 | 23 | 62 |
| 2.50 | 601 | | | | 59 | 81 | 4.00 | 229 | 76.3 | 19.1 | 98 | 22 | 62 |
| 2.55 | 578 | | | | 58 | 80 | 4.05 | 223 | 74.3 | 18.6 | 97 | 21 | 61 |
| 2.60 | 555 | | | | 56 | 79 | 4.10 | 217 | 72.4 | 18.1 | 97 | 20 | 61 |
| 2.65 | 534 | | | | 54 | 78 | 4.15 | 221 | 70.6 | 17.6 | 96 | | |
| 2.70 | 514 | | | | 52 | 77 | 4.20 | 207 | 68.8 | 17.2 | 95 | | |
| 2.75 | 495 | | | | 51 | 76 | 4.25 | 201 | 67.1 | 16.8 | 94 | | |
| 2.80 | 477 | | | | 49 | 76 | 4.30 | 197 | 65.5 | 16.4 | 93 | | |
| 2.85 | 461 | | | | 48 | 75 | 4.35 | 192 | 63.9 | 16.0 | 92 | | |
| 2.90 | 444 | | | | 47 | 74 | 4.40 | 187 | 62.4 | 15.6 | 91 | | |
| 2.95 | 429 | | | | 45 | 73 | 4.45 | 183 | 60.9 | 15.2 | 89 | | |
| 3.00 | 415 | | 34.6 | | 44 | 73 | 4.50 | 179 | 59.5 | 14.9 | 88 | | |
| 3.05 | 401 | | 33.4 | | 43 | 72 | 4.55 | 174 | 58.1 | 14.5 | 87 | | |
| 3.10 | 388 | 129 | 32.3 | | 41 | 71 | 4.60 | 170 | 56.8 | 14.2 | 86 | | |
| 3.15 | 375 | 125 | 31.3 | | 40 | 71 | 4.65 | 167 | 55.5 | 13.9 | 85 | | |
| 3.20 | 363 | 121 | 30.3 | | 39 | 70 | 4.70 | 163 | 54.3 | 13.6 | 84 | | |
| 3.25 | 352 | 117 | 29.3 | | 38 | 69 | 4.75 | 159 | 53.0 | 13.3 | 83 | | |
| 3.30 | 341 | 114 | 28.4 | | 37 | 69 | 4.80 | 156 | 51.9 | 13.0 | 82 | | |
| 3.35 | 331 | 110 | 27.6 | | 36 | 68 | 4.85 | 152 | 50.7 | 12.7 | 81 | | |
| 3.40 | 321 | 107 | 26.7 | | 35 | 68 | 4.90 | 149 | 49.6 | 12.4 | 80 | | |
| 3.45 | 311 | 104 | 25.9 | | 34 | 67 | 4.95 | 146 | 48.6 | 12.2 | 78 | | |
| 3.50 | 302 | 101 | 25.2 | | 33 | 67 | 5.00 | 143 | 47.5 | 11.9 | 77 | | |
| 3.55 | 293 | 97.7 | 24.5 | | 31 | 66 | 5.05 | 140 | 46.5 | 11.6 | 76 | | |
| 3.60 | 285 | 95.0 | 23.7 | | 30 | 66 | 5.10 | 137 | 45.5 | 11.4 | 75 | | |
| 3.65 | 277 | 92.3 | 23.1 | | 29 | 95 | 5.15 | 134 | 44.6 | 11.2 | 74 | | |
| 3.70 | 269 | 89.7 | 22.4 | | 28 | 65 | 5.20 | 131 | 43.7 | 10.9 | 72 | | |
| 3.75 | 262 | 87.2 | 21.8 | | 27 | 64 | 5.25 | 128 | 42.8 | 10.7 | 71 | | |

续表

| $d_{10}$ | HB | | | HR | | | $d_{10}$ | HB | | | HR | | |
| $2d_5$ | | | | | | | $2d_5$ | | | | | | |
| $4d_{2.5}$ | $30D^2$ | $10D^2$ | $2.5D^2$ | HRB | HRC | HRA | $4d_{2.5}$ | $30D^2$ | $10D^2$ | $2.5D^2$ | HRB | HRC | HRA |
| 5.30 | 126 | 41.9 | 10.5 | 69 | | | 5.55 | 114 | 37.9 | 9.46 | 64 | | |
| 5.35 | 123 | 41.0 | 10.3 | 69 | | | 5.60 | 111 | 37.1 | 9.27 | 62 | | |
| 5.40 | 121 | 40.2 | 13.1 | 67 | | | 5.65 | 109 | 36.4 | 9.10 | 61 | | |
| 5.45 | 118 | 39.4 | 9.80 | 66 | | | 5.70 | 107 | 35.7 | 8.93 | 59 | | |
| 5.50 | 116 | 38.6 | 9.66 | 65 | | | 5.75 | 105 | 35.0 | 8.76 | 58 | | |

# 附录2  国内外常用钢牌号对照表

国内外常用钢牌号对照表见附表 2 – 1。

附表 2 – 1  国内外常用钢牌号对照表

| 类别 | 中国 | 俄罗斯 | 美国 | 英国 | 日本 | 法国 | 德国 |
|---|---|---|---|---|---|---|---|
| | GB | ГОСТ | ASTM | BS | JIS | NF | DIN |
| 优质碳素结构钢 | 08F | 08КП | 1006 | 040A04 | S09CK | | C10 |
| | 08 | 08 | 1008 | 045M10 | S9CK | | C10 |
| | 10F | | 1010 | 040A10 | | XC10 | |
| | 10 | 10 | 1010,1012 | 045M10 | S10C | XC10 | C10,CK10 |
| | 15 | 15 | 1015 | 095M15 | S15C | XC12 | C15,CK15 |
| | 20 | 20 | 1020 | 050A20 | S20C | XC18 | C22,CK22 |
| | 25 | 25 | 1025 | | S25C | | CK25 |
| | 30 | 30 | 1030 | 060A30 | S30C | XC32 | |
| | 35 | 35 | 1035 | 060A35 | S35C | XC38TS | C35,CK35 |
| | 40 | 40 | 1040 | 080A40 | S40C | XC38H1 | |
| | 45 | 45 | 1045 | 080M46 | S45C | XC45 | C45,CK45 |
| | 50 | 50 | 1050 | 060A52 | S50C | XC48TS | CK53 |
| | 55 | 55 | 1055 | 070M55 | S55C | XC55 | |
| | 60 | 60 | 1060 | 080A62 | S58C | XC55 | C60,CK60 |
| | 15Mn | 15Г | 1016,1115 | 080A17 | SB46 | XC12 | 14Mn4 |
| | 20Mn | 20Г | 1021,1022 | 080A20 | | XC18 | |
| | 30Mn | 30Г | 1030,1033 | 080A32 | S30C | XC32 | |
| | 40Mn | 40Г | 1036,1040 | 080A40 | S40C | 40M5 | 40Mn4 |
| | 45Mn | 45Г | 1043,1045 | 080A47 | S45C | | |
| | 50Mn | 50Г | 1050,1052 | 030A52 | S53C | XC48 | |
| | | | | 080M50 | | | |

| 类别 | 中国 | 俄罗斯 | 美国 | 英国 | 日本 | 法国 | 德国 |
|---|---|---|---|---|---|---|---|
| | GB | ГОСТ | ASTM | BS | JIS | NF | DIN |
| 合金结构钢 | 20Mn2 | 20Г2 | 1320,1321 | 150M19 | SMn420 | | 20Mn5 |
| | 30Mn2 | 30Г2 | 1330 | 150M28 | SMn433H | 32M5 | 30Mn5 |
| | 35Mn2 | 35Г2 | 1335 | 150M36 | SMn438(H) | 35M5 | 36Mn5 |
| | 40Mn2 | 40Г2 | 1340 | | SMn443 | 40M5 | |
| | 45Mn2 | 45Г2 | 1345 | | SMn443 | | 46Mn7 |
| | 50Mn2 | 50Г2 | | | | ~55M5 | |
| | 20MnV | | | | | | 20MnV6 |
| | 35SiMn | 35СГ | | En46 | | | 37MnSi5 |
| | 42SiMn | 35СГ | | En46 | | | 46MnSi4 |
| | 40B | | TS14B35 | | | | |
| | 45B | | 50B46H | | | | |
| | 40MnB | | 50B40 | | | | |
| | 45MnB | | 50B44 | | | | |
| | 15Cr | 15X | 5115 | 523M15 | SCr415(H) | 12C3 | 15Cr3 |
| | 20Cr | 20X | 5120 | 527A19 | SCr420H | 18C3 | 20Cr4 |
| | 30Cr | 30X | 5130 | 530A30 | SCr430 | | 28Cr4 |
| | 35Cr | 35X | 5132 | 530A36 | SCr430(H) | 32C4 | 34Cr4 |
| | 40Cr | 40X | 5140 | 520M40 | SCr440 | 42C4 | 41Cr4 |
| | 45Cr | 45X | 5145,5147 | 534A99 | SCr445 | 45C4 | |
| | 38CrSi | 38XC | | | | | |
| | 12CrMo | 12XM | | 620$C_R$·B | | 12CD4 | 13CrMo44 |
| | 15CrMo | 15XM | A-387Cr·B | 1653 | STC42 | 12CD4 | 16CrMo44 |
| | | | | | STT42 | | |
| | | | | | STB42 | | |

| 类别 | 中国 | 俄罗斯 | 美国 | 英国 | 日本 | 法国 | 德国 |
|---|---|---|---|---|---|---|---|
| | GB | ГОСТ | ASTM | BS | JIS | NF | DIN |
| 合金结构钢 | 20CrMo | 20XM | 4119,4118 | CDS12 | SCT42 | 18CD4 | 20CrMo44 |
| | | | | CDS110 | STT42 | | |
| | | | | | STB42 | | |
| | 25CrMo | | 4125 | En20A | | 25CD4 | 25CrMo4 |
| | 30CrMo | 30XM | 4130 | 1717COS110 | SCM420 | 30CD4 | |
| | 42CrMo | | 4140 | 708A42 | | 42CD4 | 42CrMo4 |
| | | | | 708M40 | | | |
| | 35CrMo | 35XM | 4135 | 708A37 | SCM3 | 35CD4 | 34CrMo4 |
| | 12CrMoV | 12XMФ | | | | | |
| | 12Cr1MoV | 12X1MФ | | | | | 13CrMoV42 |
| | 25Cr2Mo1VA | 25X2M1ФA | | | | | |
| | 20CrV | 20XФ | 6120 | | | | 22CrV4 |
| | 40CrV | 40XФA | 6140 | | | | 42CrV6 |
| | 50CrVA | 50XФA | 6150 | 735A30 | SUP10 | 50CV4 | 50CrV4 |
| | 15CrMn | 15XГ,18XГ | | | | | |
| | 20CrMn | 20XГСА | 5152 | 527A60 | SUP9 | | |
| | 30CrMnSiA | 30XГСА | | | | | |
| | 40CrNi | 40XH | 3140H | 640M40 | SNC236 | | 40NiCr6 |
| | 20CrNi3A | 20XH3A | 3316 | | | 20NC11 | 20NiCr14 |
| | 30CrNi3A | 30XH3A | 3325 | 653M31 | SNC631H | | 28NiCr10 |
| | | | 3330 | | SNC631 | | |
| | 20MnMoB | | 80B20 | | | | |
| | 38CrMoAlA | 38XMIOA | | 905M39 | SACM645 | 40CAD6.12 | 41CrAlMo07 |
| | 40CrNiMoA | 40XHMA | 4340 | 871M40 | SNCM439 | | 40NiCrMo22 |

附录2 国内外常用钢牌号对照表

续表

| 类别 | 中国 | 俄罗斯 | 美国 | 英国 | 日本 | 法国 | 德国 |
|---|---|---|---|---|---|---|---|
| | GB | ГОСТ | ASTM | BS | JIS | NF | DIN |
| 弹簧钢 | 60 | 60 | 1060 | 080A62 | S58C | XC55 | C60 |
| | 85 | 85 | C1085 | 080A86 | SUP3 | | |
| | | | 1084 | | | | |
| | 65Mn | 65Г | 1566 | | | | |
| | 55Si2Mn | 55С2Г | 9255 | 250A53 | SUP6 | 55S6 | 55Si7 |
| | 60Si2MnA | 60С2ГА | 9260 | 250A61 | SUP7 | 61S7 | 65Si7 |
| | | | 9260H | | | | |
| | 50CrVA | 50ХФА | 6150 | 735A50 | SUP10 | 50CV4 | 50CrV4 |
| 滚动轴承钢 | GCr9 | ШХ9 | E51100 | | SUJ1 | 100C5 | 105Cr4 |
| | | | 51100 | | | | |
| | GCr9SiMn | | | | SUJ3 | | |
| | GCr15 | ШХ15 | E52100 | 534A99 | SUJ2 | 100C6 | 100Cr6 |
| | | | 52100 | | | | |
| | GCr15SiMn | ШХ15СГ | | | | | 100CrMn6 |
| 易切削钢 | Y12 | A12 | C1109 | | SUM12 | | |
| | Y15 | | B1113 | 220M07 | SUM22 | | 10S20 |
| | Y20 | A20 | C1120 | | SUM32 | 20F2 | 22S20 |
| | Y30 | A30 | C1130 | | SUM42 | | 35S20 |
| | Y40Mn | A40Г | C1144 | 225M36 | | 45MF2 | 40S20 |
| 耐磨钢 | ZGMn13 | 116Г13Ю | | | SCMnH11 | Z120M12 | X120Mn12 |
| 碳素工具钢 | T7 | y7 | W1-7 | | SK7,SK6 | | C70W1 |
| | T8 | y8 | | | SK6,SK5 | | |
| | T8A | y8A | W1-0.8C | | | 1104Y₁75 | C80W1 |
| | T8Mn | y8Г | | | SK5 | | |
| | T10 | y10 | W1-1.0C | D1 | SK3 | | |
| | T12 | y12 | W1-1.2C | D1 | SK2 | Y2 120 | C125W |
| | T12A | y12A | W1-1.2C | | | XC 120 | C125W2 |
| | T13 | y13 | | | SK1 | Y2 140 | C135W |

附录2 国内外常用钢牌号对照表

| 类别 | 中国 | 俄罗斯 | 美国 | 英国 | 日本 | 法国 | 德国 |
|---|---|---|---|---|---|---|---|
| | GB | ГОСТ | ASTM | BS | JIS | NF | DIN |
| 合金工具钢 | 8MnSi | | | | | | C75W3 |
| | 9SiCr | 9XC | | BH21 | | | 90CrSi5 |
| | Cr2 | X | L3 | | | | 100Cr6 |
| | Cr06 | 13X | W5 | | SKS8 | | 140Cr3 |
| | 9Cr2 | 9X | L | | | | 100Cr6 |
| | W | B1 | F1 | BF1 | SK21 | | 120W4 |
| | Cr12 | X12 | D3 | BD3 | SKD1 | Z200C12 | X210Cr12 |
| | Cr12MoV | X12M | D2 | BD2 | SKD11 | Z200C12 | X165CrMoV46 |
| | 9Mn2V | 9Г2Ф | 02 | | | 80M80 | 90MnV8 |
| | 9CrWMn | 9XВГ | 01 | | SKS3 | 80M8 | |
| | CrWMn | XВГ | 07 | | SKS31 | 105WC13 | 105WCr6 |
| | 3Cr2W8V | 3X2B8Ф | H21 | BH21 | SKD5 | X30WC9V | X30WCrV93 |
| | 5CrMnMo | 5XГM | | | SKT5 | | 40CrMnMo7 |
| | 5CrNiMo | 5XHM | L6 | | SKT4 | 55NCDV7 | 55NiCrMoV6 |
| | 4Cr5MoSiV | 4X5MФC | H11 | BH11 | SKD61 | Z38CDV5 | X38CrMoV51 |
| | 4CrW2Si | 4XB2C | | | SKS41 | 40WCDS35 – 12 | 35WCrV7 |
| | 5CrW2Si | 5XB2C | S1 | BSi | | | 45WCrV7 |
| 高速工具钢 | W18Cr4V | P18 | T1 | BT1 | SKH2 | Z80WCV | S18 – 0 – 1 |
| | | | | | | 18 – 04 – 01 | |
| | W6Mo5Cr4V2 | P6M3 | N2 | BM2 | SKH9 | Z85WDCV | S6 – 5 – 2 |
| | | | | | | 06 – 05 – 04 – 02 | |
| | W18Cr4VCo5 | P18K5Ф2 | T4 | BT4 | SKH3 | Z80WKCV | S18 – 1 – 2 – 5 |
| | | | | | | 18 – 05 – 04 – 01 | |
| | W2Mo9Cr4VCo8 | | M42 | BM42 | | Z110DKCWV | S2 – 10 – 1 – 8 |
| | | | | | | 09 – 08 – 04 – 02 – 01 | |

| 类别 | 中国 | 俄罗斯 | 美国 | 英国 | 日本 | 法国 | 德国 |
| --- | --- | --- | --- | --- | --- | --- | --- |
| | GB | ГОСТ | ASTM | BS | JIS | NF | DIN |
| 不锈钢 | 1Cr18Ni9 | 12X18H9 | 302 | 302S25 | SUS302 | Z10CN18.09 | X12CrNi188 |
| | | | S30200 | | | | |
| | Y1Cr18Ni9 | | 303 | 303S21 | SUS303 | Z10CNF18.09 | X12CrNiS188 |
| | | | S30300 | | | | |
| | 0Cr19Ni9 | 08X18H10 | 304 | 304S15 | SUS304 | Z6CN18.09 | X5CrNi189 |
| | | | S30400 | | | | |
| | 00Cr19Ni11 | 03X18H11 | 304L | 304S12 | SUS304L | Z2CN18.09 | X2CrNi189 |
| | | | S30403 | | | | |
| | 0Cr18Ni11Ti | 08X18H10T | 321 | 321S12 | SUS321 | Z6CNT18.10 | X10CrNiTi189 |
| | | | S32100 | 321S20 | | | |
| | 0Cr13Al | | 405 | 405S17 | SUS405 | Z6CA13 | X7CrAl13 |
| | | | S40500 | | | | |
| | 1Cr17 | 12X17 | 430 | 430S15 | SUS430 | Z8C17 | X8Cr17 |
| | | | S43000 | | | | |
| | 1Cr13 | 12X13 | 410 | 410S21 | SUS410 | Z12C13 | X10Cr13 |
| | | | S41000 | | | | |
| | 2Cr13 | 20X13 | 420 | 420S37 | SUS420J1 | Z20C13 | X20Cr13 |
| | | | S42000 | | | | |
| | 3Cr13 | 30X13 | | 420S45 | SUS420J2 | | |
| | 7Cr17 | | 440A | | SUS440A | | |
| | | | S44002 | | | | |
| | 0Cr17Ni7Al | 09X17H7Ю | 631 | | SUS631 | Z8CNA17.7 | X7CrNiAl177 |
| | | | S17700 | | | | |

| 类别 | 中国 | 俄罗斯 | 美国 | 英国 | 日本 | 法国 | 德国 |
|---|---|---|---|---|---|---|---|
| | GB | ГОСТ | ASTM | BS | JIS | NF | DIN |
| 耐热钢 | 2Cr23Ni13 | 20X23H12 | 309 | 309S24 | SUH309 | Z15CN24.13 | |
| | | | S30900 | | | | |
| | 2Cr25Ni21 | 20X25H20C2 | 310 | 310S24 | SUH310 | Z12CN25.20 | CrNi2520 |
| | | | S31000 | | | | |
| | 0Cr25Ni20 | | 310S | | SUS310S | | |
| | | | S31008 | | | | |
| | 0Cr17Ni12Mo2 | 08X17H13M2T | 316 | 316S16 | SUS316 | Z6CND17.12 | X5CrNiMo1810 |
| | | | S31600 | | | | |
| | 0Cr18Ni11Nb | 08X18H12E | 347 | 347S17 | SUS347 | Z6CNNb18.10 | X10CrNiNb189 |
| | | | S34700 | | | | |
| | 1Cr13Mo | | | | SUS410J1 | | |
| | 1Cr17Ni2 | 14X17H2 | 431 | 431S29 | SUS431 | Z15CN16-02 | X22CrNi17 |
| | | | S43100 | | | | |
| | 0Cr17Ni7Al | 09X17H7Ю | 631 | | SUS631 | Z8CNA17.7 | X7CrNiAl177 |
| | | | S17700 | | | | |

# 附录 3　黑色金属硬度及抗拉强度换算值
## （适用于含碳量由低到高的钢种）

黑色金属硬度及抗拉强度换算值(适用于含碳量由低到高的钢种)见附表 3 – 1。

附表 3 – 1　黑色金属硬度及抗拉强度换算值(适用于含碳量由低到高的钢种)

| 硬度 | | | | | | | |
|---|---|---|---|---|---|---|---|
| 洛氏 | | 表面洛氏 | | | 维氏 | 布氏($F/D^2=30$) | |
| HRC | HRA | HR15N | HR30N | HR45N | HV | HBS | HBW |
| 20.0 | 60.2 | 68.8 | 40.7 | 19.2 | 226 | 225 | |
| 20.5 | 60.4 | 69.0 | 41.2 | 19.8 | 228 | 227 | |
| 21.0 | 60.7 | 69.3 | 41.7 | 20.4 | 230 | 229 | |
| 21.5 | 61.0 | 69.5 | 42.2 | 21.0 | 233 | 232 | |
| 22.0 | 61.2 | 69.8 | 42.6 | 21.5 | 235 | 234 | |
| 22.5 | 61.5 | 70.0 | 43.1 | 22.1 | 238 | 237 | |
| 23.0 | 61.7 | 70.3 | 43.6 | 22.7 | 241 | 240 | |
| 23.5 | 62.0 | 70.6 | 44.0 | 23.3 | 244 | 242 | |
| 24.0 | 62.2 | 70.8 | 44.5 | 23.9 | 247 | 245 | |
| 24.5 | 62.5 | 71.1 | 45.0 | 24.5 | 250 | 248 | |
| 25.0 | 62.8 | 71.4 | 45.5 | 25.1 | 253 | 251 | |
| 25.5 | 63.0 | 71.6 | 45.9 | 25.7 | 256 | 254 | |
| 26.0 | 63.3 | 71.9 | 46.4 | 26.3 | 259 | 257 | |
| 26.5 | 63.5 | 72.2 | 46.9 | 26.9 | 262 | 260 | |
| 27.0 | 63.8 | 72.4 | 47.3 | 27.5 | 266 | 263 | |
| 27.5 | 64.0 | 72.7 | 47.8 | 28.1 | 269 | 266 | |
| 28.0 | 64.3 | 73.0 | 48.3 | 28.7 | 273 | 269 | |
| 28.5 | 64.6 | 73.3 | 48.7 | 29.3 | 276 | 273 | |
| 29.0 | 64.8 | 73.5 | 49.2 | 29.9 | 280 | 276 | |
| 29.5 | 65.1 | 73.8 | 49.7 | 30.5 | 284 | 280 | |
| 30.0 | 65.3 | 74.1 | 50.2 | 31.1 | 288 | 283 | |
| 30.5 | 65.6 | 74.4 | 50.6 | 31.7 | 292 | 287 | |
| 31.0 | 65.8 | 74.7 | 51.1 | 32.3 | 296 | 291 | |
| 31.5 | 66.1 | 74.9 | 51.6 | 32.9 | 300 | 294 | |
| 32.0 | 66.4 | 75.2 | 52.0 | 33.5 | 304 | 298 | |
| 32.5 | 66.6 | 75.5 | 52.5 | 34.1 | 308 | 302 | |
| 33.0 | 66.9 | 75.8 | 53.0 | 34.7 | 313 | 306 | |
| 33.5 | 67.1 | 76.1 | 53.4 | 35.3 | 317 | 310 | |
| 34.0 | 67.4 | 76.4 | 53.9 | 35.9 | 321 | 314 | |
| 34.5 | 67.7 | 76.7 | 54.4 | 36.5 | 326 | 318 | |

| 抗拉强度 $R_m$/MPa | | | | | | | | |
|---|---|---|---|---|---|---|---|---|
| 碳钢 | 铬钢 | 铬钒钢 | 铬镍钢 | 铬钼钢 | 铬镍钼钢 | 铬锰硅钢 | 超高强度钢 | 不锈钢 |
| 774 | 742 | 736 | 782 | 747 | | 781 | | 740 |
| 784 | 751 | 744 | 787 | 753 | | 788 | | 749 |
| 793 | 760 | 753 | 792 | 760 | | 794 | | 758 |
| 803 | 769 | 761 | 797 | 767 | | 801 | | 767 |
| 813 | 779 | 770 | 803 | 774 | | 809 | | 777 |
| 823 | 788 | 779 | 809 | 781 | | 816 | | 786 |
| 833 | 798 | 788 | 815 | 789 | | 824 | | 796 |
| 843 | 808 | 797 | 822 | 797 | | 832 | | 806 |
| 854 | 818 | 807 | 829 | 805 | | 840 | | 816 |
| 864 | 828 | 816 | 836 | 813 | | 848 | | 826 |
| 875 | 838 | 826 | 843 | 822 | | 856 | | 837 |
| 886 | 848 | 837 | 851 | 831 | 850 | 865 | | 847 |
| 897 | 859 | 847 | 859 | 840 | 859 | 874 | | 858 |
| 908 | 870 | 858 | 867 | 850 | 869 | 883 | | 868 |
| 919 | 880 | 869 | 876 | 860 | 879 | 893 | | 879 |
| 930 | 891 | 880 | 885 | 870 | 890 | 902 | | 890 |
| 942 | 902 | 892 | 894 | 880 | 901 | 912 | | 901 |
| 954 | 914 | 903 | 904 | 891 | 912 | 922 | | 913 |
| 965 | 925 | 915 | 914 | 902 | 923 | 933 | | 924 |
| 977 | 937 | 928 | 924 | 913 | 935 | 943 | | 936 |
| 989 | 948 | 940 | 935 | 924 | 947 | 954 | | 947 |
| 1002 | 960 | 953 | 946 | 936 | 959 | 965 | | 959 |
| 1014 | 972 | 966 | 957 | 948 | 972 | 977 | | 971 |
| 1027 | 984 | 980 | 969 | 961 | 985 | 989 | | 983 |
| 1039 | 996 | 993 | 981 | 974 | 999 | 1001 | | 996 |
| 1052 | 1009 | 1007 | 994 | 987 | 1012 | 1013 | | 1008 |
| 1065 | 1022 | 1022 | 1007 | 1001 | 1027 | 1026 | | 1021 |
| 1078 | 1034 | 1036 | 1020 | 1015 | 1041 | 1039 | | 1034 |
| 1092 | 1048 | 1051 | 1034 | 1029 | 1056 | 1052 | | 1047 |
| 1105 | 1061 | 1067 | 1048 | 1043 | 1071 | 1066 | | 1060 |

| 硬度 | | | | | | | |
|---|---|---|---|---|---|---|---|
| 洛氏 | | 表面洛氏 | | | 维氏 | 布氏($F/D^2=30$) | |
| HRC | HRA | HR15N | HR30N | HR45N | HV | HBS | HBW |
| 35.0 | 67.9 | 77.0 | 54.8 | 37.0 | 331 | 323 | |
| 35.5 | 68.2 | 77.2 | 55.3 | 37.6 | 335 | 327 | |
| 36.0 | 68.4 | 77.5 | 55.8 | 38.2 | 340 | 332 | |
| 36.5 | 68.7 | 77.8 | 56.2 | 38.8 | 345 | 336 | |
| 37.0 | 69.0 | 78.1 | 56.7 | 39.4 | 350 | 341 | |
| 37.5 | 69.2 | 78.4 | 57.2 | 40.0 | 355 | 345 | |
| 38.0 | 69.5 | 78.7 | 57.6 | 40.6 | 360 | 350 | |
| 38.5 | 69.7 | 79.0 | 58.1 | 41.2 | 365 | 355 | |
| 39.0 | 70.0 | 79.3 | 58.6 | 41.8 | 371 | 360 | |
| 39.5 | 70.3 | 79.6 | 59.0 | 42.4 | 376 | 365 | |
| 40.0 | 70.5 | 79.9 | 59.5 | 43.0 | 381 | 370 | 370 |
| 40.5 | 70.8 | 80.2 | 60.0 | 43.6 | 387 | 375 | 375 |
| 41.0 | 71.1 | 80.5 | 60.4 | 44.2 | 393 | 380 | 381 |
| 41.5 | 71.3 | 80.8 | 60.9 | 44.8 | 398 | 385 | 386 |
| 42.0 | 71.6 | 81.1 | 61.3 | 45.4 | 404 | 391 | 392 |
| 42.5 | 71.8 | 81.4 | 61.8 | 45.9 | 410 | 396 | 397 |
| 43.0 | 72.1 | 81.7 | 62.3 | 46.5 | 416 | 401 | 403 |
| 43.5 | 72.4 | 82.0 | 62.7 | 47.1 | 422 | 407 | 409 |
| 44.0 | 72.6 | 82.3 | 63.2 | 47.7 | 428 | 413 | 415 |
| 44.5 | 72.9 | 82.6 | 63.6 | 48.3 | 435 | 418 | 422 |
| 45.0 | 73.2 | 82.9 | 64.1 | 48.9 | 441 | 424 | 428 |
| 45.5 | 73.4 | 83.2 | 64.6 | 49.5 | 448 | 430 | 435 |
| 46.0 | 73.7 | 83.5 | 65.0 | 50.1 | 454 | 436 | 441 |
| 46.5 | 73.9 | 83.7 | 65.5 | 50.7 | 461 | 442 | 448 |
| 47.0 | 74.2 | 84.0 | 65.9 | 51.2 | 468 | 449 | 455 |
| 47.5 | 74.5 | 84.3 | 66.4 | 51.8 | 475 | | 463 |
| 48.0 | 74.7 | 84.6 | 66.8 | 52.4 | 482 | | 470 |
| 48.5 | 75.0 | 84.9 | 67.3 | 53.0 | 489 | | 478 |
| 49.0 | 75.3 | 85.2 | 67.7 | 53.6 | 497 | | 486 |
| 49.5 | 75.5 | 85.5 | 68.2 | 54.2 | 504 | | 494 |
| 50.0 | 75.8 | 85.7 | 68.6 | 54.7 | 512 | | 502 |
| 50.5 | 76.1 | 86.0 | 69.1 | 55.3 | 520 | | 510 |
| 51.0 | 76.3 | 86.3 | 69.5 | 55.9 | 527 | | 518 |

续表

| 抗拉强度 $R_m$/MPa | | | | | | | | |
|---|---|---|---|---|---|---|---|---|
| 碳钢 | 铬钢 | 铬钒钢 | 铬镍钢 | 铬钼钢 | 铬镍钼钢 | 铬锰硅钢 | 超高强度钢 | 不锈钢 |
| 1119 | 1074 | 1082 | 1063 | 1058 | 1087 | 1079 | | 1074 |
| 1133 | 1088 | 1098 | 1078 | 1074 | 1103 | 1094 | | 1087 |
| 1147 | 1102 | 1114 | 1093 | 1090 | 1119 | 1108 | | 1101 |
| 1162 | 1116 | 1131 | 1109 | 1106 | 1136 | 1123 | | 1116 |
| 1177 | 1131 | 1148 | 1125 | 1122 | 1153 | 1139 | | 1130 |
| 1192 | 1146 | 1165 | 1142 | 1139 | 1171 | 1155 | | 1145 |
| 1207 | 1161 | 1183 | 1159 | 1157 | 1189 | 1171 | | 1161 |
| 1222 | 1176 | 1201 | 1177 | 1174 | 1207 | 1187 | 1170 | 1176 |
| 1238 | 1192 | 1219 | 1195 | 1192 | 1226 | 1204 | 1195 | 1193 |
| 1254 | 1208 | 1238 | 1214 | 1211 | 1245 | 1222 | 1219 | 1209 |
| 1271 | 1225 | 1257 | 1233 | 1230 | 1265 | 1240 | 1243 | 1226 |
| 1288 | 1242 | 1276 | 1252 | 1249 | 1285 | 1258 | 1267 | 1244 |
| 1305 | 1260 | 1296 | 1273 | 1269 | 1306 | 1277 | 1290 | 1262 |
| 1322 | 1278 | 1317 | 1293 | 1289 | 1327 | 1296 | 1313 | 1280 |
| 1340 | 1296 | 1337 | 1314 | 1310 | 1348 | 1316 | 1336 | 1299 |
| 1359 | 1315 | 1358 | 1336 | 1331 | 1370 | 1336 | 1359 | 1319 |
| 1378 | 1335 | 1380 | 1358 | 1353 | 1392 | 1357 | 1381 | 1339 |
| 1397 | 1355 | 1401 | 1380 | 1375 | 1415 | 1378 | 1404 | 1361 |
| 1417 | 1376 | 1424 | 1404 | 1397 | 1439 | 1400 | 1427 | 1383 |
| 1438 | 1398 | 1446 | 1427 | 1420 | 1462 | 1422 | 1450 | 1405 |
| 1459 | 1420 | 1469 | 1451 | 1444 | 1487 | 1445 | 1473 | 1429 |
| 1481 | 1444 | 1493 | 1476 | 1468 | 1512 | 1469 | 1496 | 1453 |
| 1503 | 1468 | 1517 | 1502 | 1492 | 1537 | 1493 | 1520 | 1479 |
| 1526 | 1493 | 1541 | 1527 | 1517 | 1563 | 1517 | 1544 | 1505 |
| 1550 | 1519 | 1566 | 1554 | 1542 | 1589 | 1543 | 1569 | 1533 |
| 1575 | 1546 | 1591 | 1581 | 1568 | 1616 | 1569 | 1594 | 1562 |
| 1600 | 1574 | 1617 | 1608 | 1595 | 1643 | 1595 | 1620 | 1592 |
| 1626 | 1603 | 1643 | 1636 | 1622 | 1671 | 1623 | 1646 | 1623 |
| 1653 | 1633 | 1670 | 1665 | 1649 | 1699 | 1651 | 1674 | 1655 |
| 1681 | 1665 | 1697 | 1695 | 1677 | 1728 | 1679 | 1702 | 1689 |
| 1710 | 1698 | 1724 | 1724 | 1706 | 1758 | 1709 | 1731 | 1725 |
| | 1732 | 1752 | 1755 | 1735 | 1788 | 1739 | 1761 | |
| | 1768 | 1780 | 1786 | 1764 | 1819 | 1770 | 1792 | |

续表

| 硬度 | | | | | | | |
|---|---|---|---|---|---|---|---|
| 洛氏 | | 表面洛氏 | | | 维氏 | 布氏($F/D^2=30$) | |
| HRC | HRA | HR15N | HR30N | HR45N | HV | HBS | HBW |
| 51.5 | 76.6 | 86.6 | 70.0 | 56.5 | 535 | | 527 |
| 52.0 | 76.9 | 86.8 | 70.4 | 57.1 | 544 | | 535 |
| 52.5 | 77.1 | 87.1 | 70.9 | 57.6 | 552 | | 544 |
| 53.0 | 77.4 | 87.4 | 71.3 | 58.2 | 561 | | 552 |
| 53.5 | 77.7 | 87.6 | 71.8 | 58.8 | 569 | | 561 |
| 54.0 | 77.9 | 87.9 | 72.2 | 59.4 | 578 | | 569 |
| 54.5 | 78.2 | 88.1 | 72.6 | 59.9 | 587 | | 577 |
| 55.0 | 78.5 | 88.4 | 73.1 | 60.5 | 596 | | 585 |
| 55.5 | 78.7 | 88.6 | 73.5 | 61.1 | 606 | | 593 |
| 56.0 | 79.0 | 88.9 | 73.9 | 61.7 | 615 | | 601 |
| 56.5 | 79.3 | 89.1 | 74.4 | 62.2 | 625 | | 608 |
| 57.0 | 79.5 | 89.4 | 74.8 | 62.8 | 635 | | 616 |
| 57.5 | 79.8 | 89,6 | 75.2 | 63.4 | 645 | | 622 |
| 58.0 | 80.1 | 89.8 | 75.6 | 63.9 | 655 | | 628 |
| 58.5 | 80.3 | 90.0 | 76.1 | 64.5 | 666 | | 634 |
| 59.0 | 80.6 | 90.2 | 76.5 | 65.1 | 676 | | 639 |
| 59.5 | 80.9 | 90.4 | 76.9 | 65.6 | 687 | | 643 |
| 60.0 | 81.2 | 90.6 | 77.3 | 66.2 | 698 | | 647 |
| 60.5 | 81.4 | 90.8 | 77.7 | 66.8 | 710 | | 650 |
| 61.0 | 81.7 | 91.0 | 78.1 | 67.3 | 721 | | |
| 61.5 | 82.0 | 91.2 | 78.6 | 67.9 | 733 | | |
| 62.0 | 82.2 | 91.4 | 79.0 | 68.4 | 745 | | |
| 62.5 | 82.5 | 91.5 | 79.4 | 69.0 | 757 | | |
| 63.0 | 82.8 | 91.7 | 79.8 | 69.5 | 770 | | |
| 63.5 | 83.1 | 91.8 | 80.2 | 70.1 | 782 | | |
| 64.0 | 83.3 | 91.9 | 80.6 | 70.6 | 795 | | |
| 64.5 | 83.6 | 92.1 | 81.0 | 71.2 | 809 | | |
| 65.0 | 83.9 | 92.2 | 81.3 | 71.7 | 822 | | |
| 65.5 | 84.1 | | | | 836 | | |
| 66.0 | 84.4 | | | | 850 | | |
| 66.5 | 84.7 | | | | 865 | | |
| 67.0 | 85.0 | | | | 86 | | |
| 67.5 | 85.2 | | | | 894 | | |
| 68.0 | 85.5 | | | | 909 | | |

续表

| 抗拉强度 $R_m$/MPa | | | | | | | | |
|---|---|---|---|---|---|---|---|---|
| 碳钢 | 铬钢 | 铬钒钢 | 铬镍钢 | 铬钼钢 | 铬镍钼钢 | 铬锰硅钢 | 超高强度钢 | 不锈钢 |
| | 1806 | 1809 | 1818 | 1794 | 1850 | 1801 | 1824 | |
| | 1845 | 1839 | 1850 | 1825 | 1881 | 1834 | 1857 | |
| | | 1869 | 1883 | 1856 | 1914 | 1867 | 1892 | |
| | | 1899 | 1917 | 1888 | 1947 | 1901 | 1929 | |
| | | 1930 | 1951 | | | 1936 | 1966 | |
| | | 1961 | 1986 | | | 1971 | 2006 | |
| | | 1993 | 2022 | | | 2008 | 2047 | |
| | | 2026 | 2058 | | | 2045 | 2090 | |
| | | | | | | | 2135 | |
| | | | | | | | 2181 | |
| | | | | | | | 2230 | |
| | | | | | | | 2281 | |
| | | | | | | | 2334 | |
| | | | | | | | 2390 | |
| | | | | | | | 2448 | |
| | | | | | | | 2509 | |
| | | | | | | | 2572 | |
| | | | | | | | 2639 | |

# 附录4 黑色金属硬度及抗拉强度换算值(主要适用于低碳钢)

黑色金属硬度及抗拉强度换算值(主要适用于低碳钢)见附表4-1。

附表4-1 黑色金属硬度及抗拉强度换算值(主要适用于低碳钢)

| 硬度 | | | | | | | 抗拉强度 $R_m/MPa$ |
|---|---|---|---|---|---|---|---|
| 洛氏 | 表面洛氏 | | | 维氏 | 布氏 | | |
| | | | | | HBS | | |
| HRB | HR15T | HR30T | HR45T | HV | $F/D^2 = 10$ | $F/D^2 = 30$ | |
| 60.0 | 80.4 | 56.1 | 30.4 | 105 | 102 | | 375 |
| 60.5 | 80.5 | 56.4 | 30.9 | 105 | 102 | | 377 |
| 61.0 | 80.7 | 56.7 | 31.4 | 106 | 103 | | 379 |
| 61.5 | 80.8 | 57.1 | 31.9 | 107 | 103 | | 381 |
| 62.0 | 80.9 | 57.4 | 32.4 | 108 | 104 | | 382 |
| 62.5 | 81.1 | 57.7 | 32.9 | 108 | 104 | | 384 |
| 63.0 | 81.2 | 58.O | 33.5 | 109 | 105 | | 386 |
| 63.5 | 81.4 | 58.3 | 34.0 | 11O | 105 | | 388 |
| 64.0 | 81.5 | 58.7 | 34.5 | 110 | 106 | | 390 |
| 64.5 | 81.6 | 59.0 | 35.0 | 111 | 106 | | 393 |
| 65.0 | 81.8 | 59.3 | 35.5 | 112 | 107 | | 395 |
| 65.5 | 81.9 | 59.6 | 36.1 | 113 | 107 | | 397 |
| 66.0 | 82.1 | 59.9 | 36.6 | 114 | 108 | | 399 |
| 66.5 | 82.2 | 60.3 | 37.1 | 115 | 108 | | 402 |
| 67.0 | 82.3 | 60.6 | 37.6 | 115 | 109 | | 404 |
| 67.5 | 82.5 | 60.9 | 38.1 | 116 | 110 | | 407 |
| 68.0 | 82.6 | 61.2 | 38.6 | 117 | 110 | | 409 |
| 68.5 | 82.7 | 61.5 | 39.2 | 118 | 111 | | 412 |
| 69.0 | 82.9 | 61.9 | 39.7 | 119 | 112 | | 415 |
| 69.5 | 83.0 | 62.2 | 40.2 | 120 | 112 | | 418 |
| 70.0 | 83.2 | 62.5 | 40.7 | 121 | 113 | | 421 |
| 70.5 | 83.3 | 62.8 | 41.2 | 122 | 114 | | 424 |
| 71.0 | 83.4 | 63.1 | 41.7 | 123 | 115 | | 427 |
| 71.5 | 83.6 | 63.5 | 42.3 | 124 | 115 | | 430 |
| 72.0 | 83.7 | 63.8 | 42.8 | 125 | 116 | | 433 |
| 72.5 | 83.9 | 64.1 | 43.3 | 126 | 117 | | 437 |
| 73.0 | 84.0 | 64.4 | 43.8 | 128 | 118 | | 440 |
| 73.5 | 84.1 | 64.7 | 44.3 | 129 | 119 | | 444 |
| 74.0 | 84.3 | 65.1 | 44.8 | 130 | 120 | | 447 |
| 74.5 | 84.4 | 65.4 | 45.4 | 131 | 121 | | 451 |

续表

| 硬度 | | | | | | | 抗拉强度 $R_m$/MPa |
|---|---|---|---|---|---|---|---|
| 洛氏 | 表面洛氏 | | | 维氏 | 布氏 | | |
| | | | | | HBS | | |
| HRB | HR15T | HR30T | HR45T | HV | $F/D^2 = 10$ | $F/D^2 = 30$ | |
| 75. 0 | 84. 5 | 65. 7 | 45. 9 | 132 | 122 | | 455 |
| 75. 5 | 84. 7 | 66. 0 | 46. 4 | 134 | 123 | | 459 |
| 76. 0 | 84. 8 | 66. 3 | 46. 9 | 135 | 124 | | 463 |
| 76. 5 | 85. 0 | 66. 6 | 47. 4 | 136 | 125 | | 467 |
| 77. 0 | 85. 1 | 67. 0 | 47. 9 | 138 | 126 | | 471 |
| 77. 5 | 85. 2 | 67. 3 | 48. 5 | 139 | 127 | | 475 |
| 78. 0 | 85. 4 | 67. 6 | 49. 0 | 140 | 128 | | 480 |
| 78. 5 | 85. 5 | 67. 9 | 49. 5 | 142 | 129 | | 484 |
| 79. 0 | 85. 7 | 68. 2 | 50. 0 | 143 | 130 | | 489 |
| 79. 5 | 85. 8 | 68. 6 | 50. 5 | 145 | 132 | | 493 |
| 80. 0 | 85. 9 | 68. 9 | 51. 0 | 146 | 133 | | 498 |
| 80. 5 | 86. 1 | 69. 2 | 51. 6 | 148 | 134 | | 503 |
| 81. 0 | 86. 2 | 69. 5 | 52. 1 | 149 | 136 | | 508 |
| 81. 5 | 86. 3 | 69. 8 | 52. 6 | 151 | 137 | | 513 |
| 82. 0 | 86. 5 | 70. 2 | 53. 1 | 152 | 138 | | 518 |
| 82. 5 | 86. 6 | 70. 5 | 53. 6 | 154 | 140 | | 523 |
| 83. 0 | 86. 8 | 70. 8 | 54. 1 | 156 | | 152 | 529 |
| 83. 5 | 86. 9 | 71. 1 | 54. 7 | 157 | | 154 | 534 |
| 84. 0 | 87. 0 | 71. 4 | 55. 2 | 159 | | 155 | 540 |
| 84. 5 | 87. 2 | 71. 8 | 55. 7 | 161 | | 156 | 546 |
| 85. 0 | 87. 3 | 72. 1 | 56. 2 | 163 | | 158 | 551 |
| 85. 5 | 87. 5 | 72. 4 | 56. 7 | 165 | | 159 | 557 |
| 86. 0 | 87. 6 | 72. 7 | 57. 2 | 166 | | 161 | 563 |
| 86. 5 | 87. 7 | 73. 0 | 57. 8 | 168 | | 163 | 570 |
| 87. 0 | 87. 9 | 73. 4 | 58. 3 | 170 | | 164 | 576 |
| 87. 5 | 88. 0 | 73. 7 | 58. 8 | 172 | | 166 | 582 |
| 88. 0 | 88. 1 | 74. 0 | 59. 3 | 174 | | 168 | 589 |
| 88. 5 | 88. 3 | 74. 3 | 59. 8 | 176 | | 170 | 596 |
| 89. 0 | 88. 4 | 74. 6 | 60. 3 | 178 | | 172 | 603 |
| 89. 5 | 88. 6 | 75. 0 | 60. 9 | 180 | | 174 | 609 |

附录 4　黑色金属硬度及抗拉强度换算值（主要适用于低碳钢）

| 硬度 | | | | | | | 抗拉强度 $R_m$/MPa |
|---|---|---|---|---|---|---|---|
| 洛氏 | 表面洛氏 | | | 维氏 | 布氏 | | |
| | | | | | HBS | | |
| HRB | HR15T | HR30T | HR45T | HV | $F/D^2 = 10$ | $F/D^2 = 30$ | |
| 90.0 | 88.7 | 75.3 | 61.4 | 183 | | 176 | 617 |
| 90.5 | 88.8 | 75.6 | 61.9 | 185 | | 178 | 624 |
| 91.0 | 89.0 | 75.9 | 62.4 | 187 | | 180 | 631 |
| 91.5 | 89.1 | 76.2 | 62.9 | 189 | | 182 | 639 |
| 92.0 | 89.3 | 76.6 | 63.4 | 191 | | 184 | 646 |
| 92.5 | 89.4 | 76.9 | 64.0 | 194 | | 187 | 654 |
| 93.0 | 89.5 | 77.2 | 64.5 | 196 | | 189 | 662 |
| 93.5 | 89.7 | 77.5 | 65.0 | 199 | | 192 | 670 |
| 94.0 | 89.8 | 77.8 | 65.5 | 201 | | 195 | 678 |
| 94.5 | 89.9 | 78.2 | 66.0 | 203 | | 197 | 686 |
| 95.5 | 90.1 | 78.5 | 66.5 | 206 | | 200 | 695 |
| 95.0 | 90.2 | 78.8 | 67.1 | 208 | | 203 | 703 |
| 96.0 | 90.4 | 79.1 | 67.6 | 211 | | 206 | 712 |
| 96.5 | 90.5 | 79.4 | 68.1 | 214 | | 209 | 721 |
| 97.0 | 90.6 | 79.8 | 68.6 | 216 | | 212 | 730 |
| 97.5 | 90.8 | 80.1 | 69.1 | 219 | | 215 | 739 |
| 98.0 | 90.9 | 80.4 | 69.6 | 222 | | 218 | 749 |
| 98.5 | 91.1 | 80.7 | 70.2 | 225 | | 222 | 758 |
| 99.0 | 91.2 | 81.0 | 70.7 | 227 | | 226 | 768 |
| 99.5 | 91.3 | 81.4 | 71.2 | 230 | | 229 | 778 |
| 100.0 | 91.5 | 81.7 | 71.7 | 233 | | 232 | 788 |